工业伺服电机与控制理论
（第 2 版）

Servo Motors and Industrial Control Theory，
Second Edition

［伊朗］里亚佐拉·菲罗齐亚 (Riazollah Firoozian)　著

丁培轩　李　林　郝建林　译

中国宇航出版社

·北京·

First published in English under the title

Servo Motors and Industrial Control Theory

by Riazollah Firoozian，edition：2

Copyright © Springer International Publishing Switzerland，2014

This edition has been translated and published under licence from

Springer Nature Switzerland AG.

Springer Nature Switzerland AG takes no responsibility and shall not be made liable for the accuracy of the translation.

著作权合同登记号：图字：01－2020－4776 号

图书在版编目（ＣＩＰ）数据

工业伺服电机与控制理论：第 2 版 ／（伊朗）里亚佐拉·菲罗齐亚著；丁培轩，李林，郝建林译．－－北京：中国宇航出版社，2020.12

书名原文：Servo Motors and Industrial Control Theory，Second Edition

ISBN 978－7－5159－1815－0

Ⅰ．①工… Ⅱ．①里… ②丁… ③李… ④郝… Ⅲ．①伺服电机－经典控制理论②伺服电机－现代控制理论 Ⅳ．①TM383.4

中国版本图书馆 CIP 数据核字（2021）第 008583 号

责任编辑	侯丽平	**封面设计**	宇星文化

出 版 发 行	中国宇航出版社		
社　址	北京市阜成路 8 号	**邮　编**	100830
	（010）60286808		（010）68768548
网　址	www.caphbook.com		
经　销	新华书店		
发行部	（010）60286888　（010）68371900		
	（010）60286887　（010）60286804（传真）		
零售店	读者服务部　（010）68371105		
承　印	天津画中画印刷有限公司		

版　次	2020 年 12 月第 1 版
	2020 年 12 月第 1 次印刷
规　格	787×1092
开　本	1/16
印　张	11.5
字　数	280 千字
书　号	ISBN 978－7－5159－1815－0
定　价	88.00 元

本书如有印装质量问题，可与发行部联系调换

译者序

当前，新一轮科技革命和产业变革正在深刻影响着世界格局的变化，继机械化、电气化、自动化等产业技术革命之后，以网络化、智能化为特征的新一轮工业革命正在全球范围内兴起。我国工业起步较晚，基础薄弱，但多年的努力使得我国与工业发达国家之间的差距在不断缩小。在工业制造生产中，大规模量产的前提是具有高端完备的生产线，生产线上有大量的工业机器人，而驱动工业机器人的核心部分就是伺服电机。作为一种常见的自动化设备，伺服电机的主要特点为高精度、高可靠性，其应用范围广泛，如机床、激光加工设备、自动化生产线、机器人等，因而在工业快速发展的时代，了解一定的工业伺服电机相关知识是十分重要的。

本书旨在为读者介绍基本的控制理论知识，不涉及复杂的控制方法。本书主要围绕在工业中常用的几种伺服电机展开，如直流伺服电机、步进伺服电机、交流伺服电机及电动液压伺服电机等。之后还介绍了原著作者所研究的基于电流变液的作动器的相关内容，最后给出了在实际应用中如何选择伺服电机。附录部分结合全书的内容，给出了对应的练习题，以加深对控制理论基本概念及电机实际应用的理解。本书可作为自动化专业本科生的参考资料。

在本书的翻译过程中，译者参阅了大量的经典控制理论相关教材，对原著中部分图表进行了重新绘制，修正了一些公式中的笔误，以及尽可能在不改变原文表述的基础上，使得译文更容易理解。

本书的出版得到中国宇航出版社的大力支持，在此表示感谢。

由于译者水平有限，虽几经易稿，仍不可避免存在疏漏，敬请读者批评指正。

目 录

第1章　反馈控制理论概述

1.1　线性系统

在任一系统中，如果两个变量之间存在线性关系，那么就可以称之为一个线性系统。

例如，方程

$$y = Kx \tag{1-1}$$

代表一个线性系统。如果 K 是常数，则方程（1-1）代表了 y 和 x 两个变量之间的线性关系。一般来说，任一形如式（1-2）的关于两个变量的控制微分方程都是线性的。

$$a_n \frac{\mathrm{d}^n}{\mathrm{d}t^n}y + a_{n-1}\frac{\mathrm{d}^{n-1}}{\mathrm{d}t^{n-1}}y + \cdots + ay = b_m \frac{\mathrm{d}^m}{\mathrm{d}t^m}x + \cdots + bx \tag{1-2}$$

式中，n 和 m 代表微分方程的阶数；a_n，$\cdots$，a 与 b_m，$\cdots$，b 是常数。对于实际系统来说，一般 $n > m$。任何与方程（1-2）形式不同的系统都被称作非线性系统。

目前已有大量的理论用来解决线性系统的问题，然而对于非线性系统来说，相关理论非常复杂而且不完善。

例1　直流伺服电机的等效电路图如图1-1所示。控制微分方程可以写成

$$V_i = RI + L\frac{\mathrm{d}I}{\mathrm{d}t} + C_m\omega_m \tag{1-3}$$

式中，V_i，I，ω_m，C_m 分别为输入电压、电流、电机的角速度和反电势常数。R，L 分别为电阻、电感。这是一个线性系统，其中 ω_m 为输出变量。

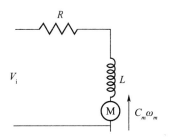

图1-1　直流伺服电机的等效电路图

对于直流伺服电机，我们可以得到

$$T = K_t I \tag{1-4}$$

$$T = J\frac{\mathrm{d}\omega_m}{\mathrm{d}t} \tag{1-5}$$

其中，K_t，J 分别为转矩常数和转动惯量。

联立式（1-4）、式（1-5）消去 T，继而消去式（1-3）中变量 I，得到

$$V_i = \frac{RJ}{K_t} \frac{d\omega_m}{dt} + \frac{LJ}{K_t} \frac{d^2\omega_m}{dt^2} + C_m \omega_m \qquad (1-6)$$

方程（1-6）代表了一个线性微分系统，在控制专业术语中，V_i 称为输入变量，ω_m 称为输出变量。依据输入变量，通过方程（1-6）可以解出 ω_m。在推导方程（1-6）的过程中，我们忽略了作用在电机上的外部负载，如果考虑外部负载，则控制微分方程存在两个输入、一个输出。

对于线性系统来说，叠加原理成立。这表明，如果输入 x_1 对应输出 y_1，且输入 x_2 对应输出 y_2，则输入 $x_1 + x_2$ 对应输出 $y_1 + y_2$。

叠加原理用途广泛，我们将在本书中频繁使用这一原理。

1.2　非线性系统

目前存在不同种类的非线性系统，例如开关控制系统本质上就是非线性的，具有传递延迟、线性饱和等特性的系统也属于非线性类型。然而线性控制理论无法解决这些非线性系统问题。图1-2所示为几种非线性类型。对于离散的非线性问题，有相应的复杂理论可以用来解决，但这些内容不在本书的讨论范围之内。伺服控制系统中存在的大多数非线性类型如图1-2所示。

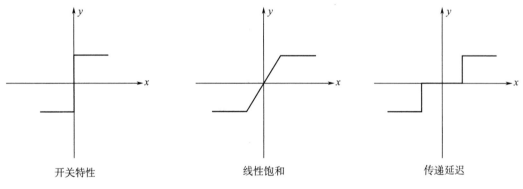

开关特性　　　　　　　　　线性饱和　　　　　　　　　传递延迟

图1-2　非线性类型

处理线性化后的方程时，建议使用拉普拉斯变换。通过拉普拉斯变换，微分方程变成了关于 s 的代数方程。本书中，小写字母 s 表征拉普拉斯变换。

对于一些连续的非线性系统，可以通过线性化的方法来解决。例如，连续的非线性系统如下

$$y = Kx^2 \qquad (1-7)$$

系统如图1-3所示。

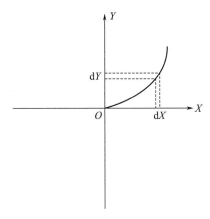

图 1-3　连续的非线性系统

1.3　线性化方法

假设存在如下形式的连续非线性系统

$$Y = F(X) \tag{1-8}$$

假设在平衡点处给定一个很小的扰动，对式（1-8）可以做如下线性化处理

$$Y + y = F(X) + \frac{\mathrm{d}Y}{\mathrm{d}X}x \tag{1-9}$$

或可以写成

$$y = \frac{\mathrm{d}Y}{\mathrm{d}X}x \tag{1-10}$$

在式（1-9）及式（1-10）中，x，y 表示平衡点处较小的扰动，式（1-10）可以写作

$$y = Kx \tag{1-11}$$

其中

$$K = \frac{\mathrm{d}Y}{\mathrm{d}X} \tag{1-12}$$

在平衡点处 K 为常数。本书中，小写的变量表示平衡点处较小的扰动。

方程（1-8）表示单变量系统，对于多变量系统，同样也可以得到类似的线性化方程。

如果使用拉普拉斯变换，则可以简化控制方程的求解。

1.4　拉普拉斯变换

根据定义，拉普拉斯变换写作

$$F(s) = L[f(t)] = \int_0^\infty f(t)\mathrm{e}^{-st}\mathrm{d}t \tag{1-13}$$

通过拉普拉斯变换，可以消去方程中的变量 t，使得结果为 s 的函数。

式（1-13）较为复杂，在实际的变换过程中，积分计算过程非常烦琐。然而，对于实际控制系统来说，只有几个函数是常用的。

例2 常数的拉普拉斯变换

$$L(A) = \int_0^\infty A\,\mathrm{e}^{-st}\,\mathrm{d}t \qquad (1-14)$$

式（1-14）是一个简单的积分，经过拉普拉斯变换后为

$$L(A) = \frac{A}{s} \qquad (1-15)$$

表 1-1 中给出了用于控制系统的一些常用变换公式。有一些重要的拉普拉斯变换经常用于表征伺服控制系统的性能。常数值输入表示阶跃输入；斜坡、加速度输入是分析中常用于确定系统性能的输入函数类型。

表 1-1 部分常用函数的拉普拉斯变换

$f(t)$	$F(s)$
A	$\dfrac{A}{s}$
$At\,;At^n$	$\dfrac{A}{s^2}\,;\dfrac{An!}{s^{n+1}}$
$A\mathrm{e}^{-at}$	$\dfrac{A}{s+\alpha}$
$\dfrac{\mathrm{d}f(t)}{\mathrm{d}t}$	$sF(s)-f(0)$
$\dfrac{\mathrm{d}^2 f(t)}{\mathrm{d}t^2}$	$s^2F(s)-sf(0)-\dfrac{\mathrm{d}f(0)}{\mathrm{d}t}$
$\dfrac{\mathrm{d}^n}{\mathrm{d}t^n}$（零初始）	$s^nF(s)$
$\displaystyle\int_{-\infty}^{t} f(\xi)\mathrm{d}\xi = f^{(-1)}(t)$	$\dfrac{1}{s}F(s)+\dfrac{1}{s}\left[\displaystyle\int_{-\infty}^{t} f(\xi)\mathrm{d}\xi\right]_{t=0}$
$f^{(-n)}(t)$	$\dfrac{F(s)}{s^n}$
$\mathrm{e}^{-at}f(t)$	$F(s+a)$
$t\mathrm{e}^{-at}$	$\dfrac{1}{(s+a)^2}$
$t^n\mathrm{e}^{-at}$	$\dfrac{n!}{(s+a)^{n+1}}$
$f(t-t_d)$	$\mathrm{e}^{-st_d}F(s)$
$\delta(t)$	1
$c_1 f_1(t)+c_2 f_2(t)$	$c_1 F_1(s)+c_2 F_2(s)$
$A\sin(\omega t)$	$\dfrac{A\omega}{s^2+\omega^2}$

续表

$f(t)$	$F(s)$
$1 - \left(\dfrac{1}{\sqrt{1-\xi^2}} \right) \mathrm{e}^{-\xi\omega_n t} \sin(\omega_n t \sqrt{1-\xi^2} + \varphi)$ $0 < \xi < 1, \varphi = \arctan \dfrac{\sqrt{1-\xi^2}}{\xi}$	$\dfrac{\omega_n^2}{s(s^2 + 2\xi\omega_n s + \omega_n^2)}$

上表给出了拉普拉斯变换最常用的公式。此外我们也注意到，拉普拉斯变换后为仅含有 s 的函数，这使得我们能够像处理代数方程那样处理微分方程。后面将举例具体说明，这些例子展示了微分方程如何转换到 s 域以及如何通过拉普拉斯变换求解。

例 3　直流电机转速（忽略电感）。

本例中只给出直流电机建模的简要讨论，在其他章节中会给出全部的分析过程。

电压方程可以写作

$$v_i = Ri + C_m \omega_m \tag{1-16}$$

运动方程与转矩电流关系写作

$$T_m = J \frac{\mathrm{d}\omega_m}{\mathrm{d}t} \tag{1-17}$$

$$T_m = K_t i \tag{1-18}$$

参数 K_t，C_m 分别为电机的转矩常数与反电势常数。由以上三个方程消去 T_m，i 得到

$$v_i = \frac{RJ}{K_t} \frac{\mathrm{d}\omega_m}{\mathrm{d}t} + C_m \omega_m \tag{1-19}$$

参考表 1-1 对式（1-19）两边做拉普拉斯变换，得到

$$V_i(s) = \frac{RJ}{K_t} s\omega_m(s) + C_m \omega_m(s) \tag{1-20}$$

整理上式得到

$$\omega_m(s) = \frac{1}{\dfrac{RJ}{K_t}s + C_m} V_i(s) \tag{1-21}$$

现在可以求解出方程（1-21）对于任意输入函数的结果，对于阶跃输入 V，拉普拉斯变换 $L(V) = V/s$，使用部分分式方法，得到

$$\omega_m(s) = \left[\frac{1}{C_m} \left(\frac{-\tau}{\tau s + 1} + \frac{1}{s} \right) \right] V \tag{1-22}$$

其中

$$\tau = \frac{RJ}{K_t C_m}$$

对方程（1-22）做拉普拉斯反变换得到

$$\omega_m(t) = \frac{V}{C_m} (1 - \mathrm{e}^{-\frac{t}{\tau}}) \tag{1-23}$$

上述分析表明，通过拉普拉斯变换，微分方程变成了代数方程。通过部分分式法进行

整理并参考表 1 - 1 的变换，可以得出结果。实际上，并不需要解复杂的拉普拉斯变换，系统对于不同的输入信号的性能表现可以通过某些参数得到。

速度闭环控制、角度位置闭环控制以及外部转矩的影响将在其他章节中讨论。

1.5　传递函数

对式（1 - 3）两端进行拉普拉斯变换，并假定系统为零初始条件，得到
$$(a_n s^n + a_{n-1} s^{n-1} + \cdots + a) Y(s) = (b_m s^m + b_{m-1} s^{m-1} + \cdots + b) X(s) \qquad (1-24)$$
可写成如下形式
$$\frac{Y(s)}{X(s)} = \frac{b_m s^m + b_{m-1} s^{m-1} + \cdots + b}{a_n s^n + a_{n-1} s^{n-1} + \cdots + a} \qquad (1-25)$$

式（1 - 25）右侧称作传递函数，a_n，$\cdots$，a 及 b_m，$\cdots$，b 为常数；$Y(s)$，$X(s)$ 分别为系统的输出量和输入量。式（1 - 25）可以写成任意形式，但通常仅用于 $n > m$ 的真实系统，且其中 n 称作传递函数的阶数。

在多变量系统中也可能会用到叠加原理。

得到传递函数后，必然需要研究下列性能指标：

1）稳定性；

2）瞬态响应；

3）各标准输入下的稳态误差；

4）对不同的输入函数进行以上分析；

5）频率响应。

一些标准的传递函数可以求解得到精确结果，下面将研究其中一些标准的传递函数。

1.6　一阶传递函数

标准形式的一阶传递函数可以写成如下形式
$$\frac{Y(s)}{X(s)} = \frac{1}{\tau s + 1} \qquad (1-26)$$

对于 $x(t) = 1$ 的单位阶跃输入，拉普拉斯变换为 $X(s) = 1/s$，代入式（1 - 26）得到
$$Y(s) = \frac{1}{s(\tau s + 1)} \qquad (1-27)$$

对式（1 - 27）通过部分分式法求解得到
$$Y(s) = \frac{1}{s} - \frac{\tau}{\tau s + 1} \qquad (1-28)$$

参考表 1 - 1 进行拉普拉斯反变换，得到
$$y(t) = 1 - \mathrm{e}^{\frac{t}{\tau}} \qquad (1-29)$$

结果如图 1 - 4 所示，图中一些重要的信息点为

$$t = 0 \qquad y(t) = 0$$
$$t = \tau \qquad y(\tau) = 0.632$$
$$t = 3\tau \qquad y(3\tau) = 0.95$$
$$t = 5\tau \qquad y(5\tau) = 0.99$$

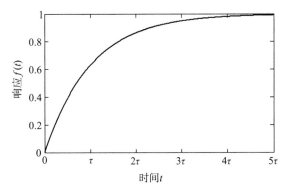

图 1 - 4　一阶惯性环节的阶跃输入响应

结果表明，经过 $t = 0$，$t = \tau$，$t = 3\tau$，$t = 5\tau$ 的时间，系统输出量达到终值的 0%，63.2%，95%，99%。

同理可以得到通常作为测试信号的斜坡输入的瞬态响应。斜坡输入如下

$$x(t) = t \qquad\qquad (1 - 30)$$

其拉普拉斯变换为

$$X(s) = \frac{1}{s^2} \qquad\qquad (1 - 31)$$

则系统输出为

$$Y(s) = \frac{1}{s^2(\tau s + 1)} = \frac{A}{s} + \frac{B}{s^2} + \frac{C}{\tau s + 1} \qquad\qquad (1 - 32)$$

计算系数 A，B，C，系统输出传递方程为

$$Y(s) = -\frac{\tau}{s} + \frac{1}{s^2} + \frac{\tau^2}{\tau s + 1} \qquad\qquad (1 - 33)$$

参考表 1 - 1 进行拉普拉斯反变换，得到

$$y(t) = t - (\tau - \tau e^{-\frac{t}{\tau}}) \qquad\qquad (1 - 34)$$

结果如图 1 - 5 所示。

我们应注意到，对于阶跃输入和斜坡输入，使用的都是单位增益。如果使用不同的增益，实际结果应该乘以相应的系数。对于斜坡输入来说，系统的输入、输出之间存在差异，这一差异称作跟踪误差。跟踪误差的大小取决于传递函数，在本节中对于一阶系统来说，是用 τ 来描述的。之后我们会介绍如何通过不进行实际的微分（传递函数）求解来计算稳态误差。

本书中，变量 x，y 用于表示系统的输入量和输出量。从方程中可以清晰地分辨出它们是在时域还是 s 域内。

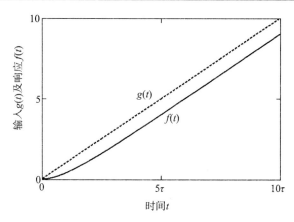

图 1-5　一阶惯性环节的斜坡输入响应

1.7　一阶系统频率响应

对于形式为 $x = A\sin\omega t$ 的谐波输入，线性系统的输出形式为 $y = B\sin(\omega t - \varphi)$。相角 φ 与幅值比 $M = B/A$ 可通过传递函数得到。如果用 $\mathrm{i}\omega$ 代替 s，幅值比和相角可以通过如下的复数形式得到

$$\frac{y(\mathrm{i}\omega)}{x(\mathrm{i}\omega)} = \frac{1}{\mathrm{i}\tau\omega + 1} \tag{1-35}$$

对分子、分母都乘以分母的共轭，得到

$$\frac{y(\mathrm{i}\omega)}{x(\mathrm{i}\omega)} = \frac{1}{\tau^2\omega^2 + 1} - \frac{\tau\omega}{\tau^2\omega^2 + 1}\mathrm{i} \tag{1-36}$$

幅值比和相角可以写作

$$M = \sqrt{实部^2 + 虚部^2} \tag{1-37}$$

$$\varphi = \arctan\left(\frac{虚部}{实部}\right) \tag{1-38}$$

因此

$$M = \frac{1}{\sqrt{1 + \tau^2\omega^2}} \tag{1-39}$$

$$\varphi = -\arctan(\tau\omega) \tag{1-40}$$

常用表示方法为：随频率从 0 到无穷变化，幅值比通过 dB 来表示，相角通过角度来表示。频率响应曲线通常以频率的对数来表示。一阶传递函数的频率响应曲线如图 1-6 所示。

$\omega = 1/\tau$ 是一个重要的点，此时的幅值比 $M = 0.707$，即 -3 dB（用分贝表示，取 $20\lg M$），相角 $\varphi = 45°$，这个频率称作截止频率。

从式（1-32）及频率响应曲线可以看出，低频时，即频率远小于 $\omega = 1/\tau$，幅值比近似等于 0 dB；频率远大于 $\omega = 1/\tau$ 时，幅值比变成一条斜率为 -20 dB/dec（十倍频程）的直线。这两条线是频率响应曲线的两条渐近线。对于一些机械系统，频率响应非常慢，因

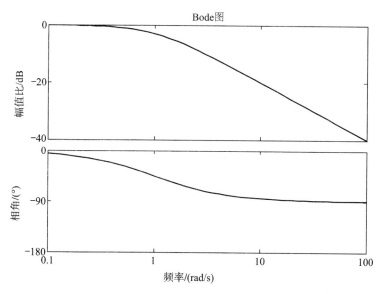

图 1-6　一阶惯性环节的相角与幅值比

此作频率响应曲线时可以用二倍频程代替十倍频程。

对于一阶系数来说，通过确定时间常数 τ，可以求得完整的频率响应和时间响应。

1.8　二阶传递函数

标准二阶传递函数可写作如下两种形式

$$\frac{Y(s)}{X(s)} = \frac{1}{\dfrac{1}{\omega_n^2}s^2 + \dfrac{2\xi}{\omega_n}s + 1}$$

或

$$\frac{Y(s)}{X(s)} = \frac{\omega_n^2}{s^2 + 2\xi\omega_n s + \omega_n^2}$$

其中，ω_n，ξ 分别为自然频率与阻尼比。后文会解释这两个系数命名的由来。

对于阶跃输入 $x(t) = 1$，有

$$X(s) = \frac{1}{s}$$

代入传递函数并参考表 1-1 进行拉普拉斯反变换，阻尼比 ξ 小于 1 时的响应为

$$y(t) = 1 - \left(\frac{1}{\sqrt{1-\xi^2}}\right) e^{-\xi\omega_n t} \sin(\omega_n t \sqrt{1-\xi^2} + \varphi)$$

$$0 < \xi < 1 \quad \varphi = \arctan\left(\frac{\sqrt{1-\xi^2}}{\xi}\right)$$

响应是振荡衰减的，且衰减的速度取决于阻尼比 ξ。不同阻尼比下的单位阶跃响应如图 1-7 所示。

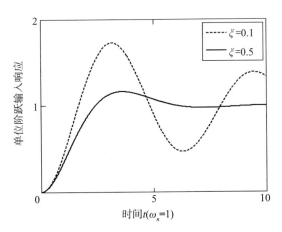

图 1-7　二阶环节的单位阶跃输入响应

　　阻尼比 ξ 大于 1 时响应为过阻尼，阻尼比 ξ 小于 1 时响应为欠阻尼。阻尼比等于 1 时，响应为速度最快的过阻尼响应。对于绝大多数控制系统来说，通常选择的阻尼比 ξ 为 0.7 或 0.8。图 1-7 所示为阻尼比 ξ 等于 0.1 及 0.5 时的响应。

　　对于大多数复杂控制系统来说，其整体传递函数的各部分可以通过一阶、二阶传递函数构建。

　　二阶传递函数阻尼比 ξ 小于 1 时，关心的参数为振荡频率和百分比超调量。

　　通过响应方程可以明确得到振荡频率 $\omega_d = \omega_n \sqrt{1 - \xi^2}$。百分比超调量的计算方法：先计算响应的导数，然后令其等于零计算得到响应时间，将时间代入响应方程可以得到峰值，然后得到百分比超调量如下

$$百分比超调量 = e^{\frac{-\xi\pi}{\sqrt{1-\xi^2}}} \times 100\%$$

　　以上定义的两个参数也可以用于确定阻尼比 ξ 大于 1 的二阶系统传递函数。系统过阻尼时，可以通过一阶传递函数建立系统，或是得到响应过程的两个点，通过响应方程得出自然频率和阻尼比。

　　与一阶系统得到的频率响应类似，当 ω 近似等于 ω_n 时，幅值比达到最大值。对于阻尼比 ξ 小于 1 的系统，存在共振频率表明系统的响应是振荡的，对于阻尼比 ξ 大于 1 的系统，幅值比永远小于 1，表明系统是过阻尼的。作为练习，建议读者使用 $i\omega$ 代换 s 自行求解频率响应，同时计算斜坡输入的响应。二阶系统的频率响应将在本章的最后部分进行研究。

1.9　方框图

　　复杂系统在串联通道或是反馈中有许多组成部分，使用方框图描述这种系统十分有效。每个单独的传递函数可以用一个独立的方框图表示，系统输入 $X(s)$ 流入方框图，经过变换得到 $Y(s)$ 流出方框图。

如图 1-8 所示，其中 $G(s)$ 为传递函数，如果两个方框图的关系为如图 1-9 所示的串联关系，则结果为将两个传递函数相乘，如图 1-10 所示。

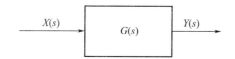

图 1-8　控制系统的方框图

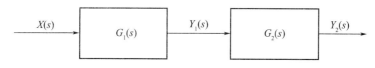

图 1-9　二级串联控制系统

图 1-10　将两个串联系统化简为一个方框图

在系统中如果需要对两个或多个变量进行加减运算时，可以用一个圆表示，加号、减号分别表示求和与做差。

做差后会得到一个反馈，如图 1-11 所示。

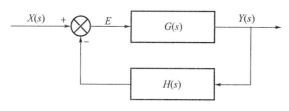

图 1-11　负反馈控制系统

对于简单的多变量系统，可以研究对应单一输入的单一输出，然后应用叠加原理进行求解。任一简单或复杂的方框图都可以被简化为一个方框图。例如图 1-11 所示的方框图可以被简化成一个方框图，图 1-11 所示系统为

$$E(s) = X(s) - Y(s)H(s) \tag{1-41}$$

$$Y(s) = E(s)G(s) \tag{1-42}$$

将式 (1-41)、式 (1-42) 中的 $E(s)$ 消去，得到

$$\frac{Y(s)}{X(s)} = \frac{G(s)}{1 + H(s)G(s)} \tag{1-43}$$

式 (1-43) 用方框图表示如图 1-12 所示。

在图 1-11 中，如果使用正反馈代替负反馈，化简过程与之前相同，那么正反馈系统化简为一个方框图后如图 1-13 所示。

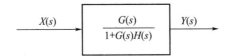

图 1 - 12　将负反馈控制系统化简为一个方框图

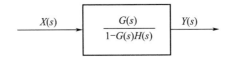

图 1 - 13　将正反馈系统化简为一个方框图

$G(s)$—前向通道传递函数；$H(s)$—反馈通道传递函数

$$\frac{Y(s)}{X(s)} = \frac{G(s)}{1 - G(s)H(s)} \tag{1-44}$$

以上过程可以用于任一复杂方框图化简为单一方框图的问题中。

1.10　二阶系统频率响应

对于一个二阶系统的传递函数

$$\frac{Y(s)}{X(s)} = \frac{1}{\frac{1}{\omega_n^2}s^2 + \frac{2\xi}{\omega_n}s + 1} \tag{1-45}$$

使用 iω 代替 s 可以得到频率响应，经过运算，幅值比与相角如下

$$M = \frac{1}{\sqrt{\left(1 - \frac{\omega^2}{\omega_n^2}\right)^2 + \frac{4\xi^2\omega^2}{\omega_n^2}}}$$

$$\varphi = -\arctan\left(\frac{2\xi\dfrac{\omega}{\omega_n}}{1 - \dfrac{\omega^2}{\omega_n^2}}\right)$$

图 1 - 14 与图 1 - 15 分别表示不同阻尼比下的幅值比与相角。

阻尼比分别为 0.1，0.5，1，2，可以看出幅值比有两条渐近线：一条为低频的直线（0 dB 线），另一条为高频的 -40 dB/dec 直线。相角从 0°变化到在高频处的 -180°。如果 ω_n，ξ 已知，就可以计算出频率响应。如果通过实验得到频率响应，则可以从结果中得出自然频率和阻尼比。一旦自然频率和阻尼比确定了，那么传递函数也就确定了。

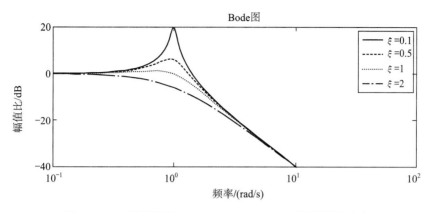

图 1-14　二阶系统在 $\xi = 0.1, 0.5, 1, 2$ 时的幅值比响应

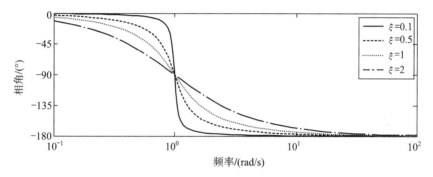

图 1-15　二阶系统在 $\xi = 0.1, 0.5, 1, 2$ 时的相角响应

1.11　小结

　　本章中，通过对控制微分方程进行拉普拉斯变换，引入了传递函数的基本概念。方框图可以用来表征一个系统。本章中还研究了标准的一阶、二阶传递函数，介绍了系统的负反馈与正反馈，以及将复杂系统方框图化简成一个方框图的过程。总之，任何复杂系统都可以化简为一个单独方框图，化简之后的问题就是研究其稳定性、瞬态响应及稳态误差等特性。

第 2 章　反馈控制理论

2.1　概述

第 1 章研究了简单的一阶、二阶传递函数的响应特性。研究表明，一阶传递函数（有时也称作一阶惯性环节）响应为过阻尼，且在频率响应中输出滞后于输入。二阶传递函数在阻尼比大于 1 时响应为过阻尼，阻尼比小于 1 时响应为欠阻尼。

显然，高阶传递函数可能会使系统变得不稳定。控制系统的稳定性是一项主要的考虑因素，必须加以研究。如果系统是稳定的，则还要研究系统的振荡程度。

2.2　劳斯-赫尔维茨稳定判据

对于一个传递函数形式如下的系统

$$\frac{Y(s)}{X(s)} = \frac{1}{a_n s^n + a_{n-1} s^{n-1} + \cdots + a_0} \tag{2-1}$$

最好是在时域中研究其稳定性。将式（2-1）转换为微分形式得到

$$a_n \frac{\mathrm{d}^n}{\mathrm{d}t^n} y + a_{n-1} \frac{\mathrm{d}^{n-1}}{\mathrm{d}t^{n-1}} y + \cdots + a_0 y = x(t) \tag{2-2}$$

对于这类微分方程，有两类解：一类是瞬态响应的解，另一类是稳态响应的解。想要得到稳态响应，需要假设解的形式与带有未知系数的输入 $x(t)$ 的形式类似。将结果代入微分方程并通过对应同阶数 s 各项的系数得到解的各项系数。通常在控制系统中，解由阶跃、斜坡、加速度及正弦输入得到。

我们更关心的是瞬态响应，其决定了系统的稳定性与输出的振荡程度。为了得到瞬态响应，令方程（2-2）右端为零，并假设解的形式如下

$$y(t) = \mathrm{e}^{st} \tag{2-3}$$

将式（2-3）代入方程（2-2），经过运算得到

$$a_n s^n + a_{n-1} s^{n-1} + \cdots + a_1 s + a_0 = 0 \tag{2-4}$$

方程（2-4）称作特征方程，特征方程的根决定了瞬态响应。考虑系统的稳定性，则所有根的实部必须为负数。对于真实的物理系统，复数根总是共轭出现，这表明如果方程包含共轭复数，则响应可能是过阻尼的或是振荡衰减的。

劳斯-赫尔维茨方法可以快速判断系统的稳定性，然而这一方法并没有给出系统的振荡程度。

为了判断系统的稳定性，构建如下形式的行列表

$$
\begin{array}{llllll}
s^n & : & a_n & a_{n-2} & a_{n-4} & \cdots & 0 \\
s^{n-1} & : & a_{n-1} & a_{n-3} & a_{n-5} & \cdots & 0 \\
s^{n-2} & : & b_1 & b_2 & b_3 & \cdots & 0 \\
s^{n-3} & : & c_1 & c_2 & c_3 & \cdots & 0 \\
& \vdots & & & & & \\
s^1 & : & g_1 & 0 & & & \\
s^0 & : & h_1 & 0 & & &
\end{array}
$$

其中

$$b_1 = \frac{1}{a_{n-1}}(a_{n-1}a_{n-2} - a_n a_{n-3})$$

$$b_2 = \frac{1}{a_{n-1}}(a_{n-1}a_{n-4} - a_n a_{n-5})$$

$$b_3 = \frac{1}{a_{n-1}}(a_{n-1}a_{n-6} - a_n a_{n-7})$$

$$c_1 = \frac{1}{b_1}(b_1 a_{n-3} - b_2 a_{n-1})$$

$$c_2 = \frac{1}{b_1}(b_1 a_{n-5} - b_3 a_{n-1})$$

上述行列表中的参数计算可写成递推的形式。

为保证系统稳定，特征方程各项系数都必须为正，且行列表的第一列不能出现符号变化。符号的变化代表特征方程存在正实部的根。如果数组的第一列出现零，则可以假定存在一个很小的正数 ε 并代替零，然后在 ε 趋近零时判断符号是否变化。如果某一行的元素全为零，则存在实部大于等于零的根。

可以使用计算机程序计算特征方程的根，且能够在复平面中画出这些根，这里介绍一个有效的稳定性分析方法，称作根轨迹法。

2.3　根轨迹法

控制系统的稳定性可以通过特征方程的根来研究。本节将研究二阶系统的根轨迹。对于更高阶的系统，可以使用依据开环传递函数画出根轨迹的分析方法，该方法较为烦琐，通过开环传递函数的零点、极点画出轨迹曲线。需要指出，轨迹的条数等于特征方程的阶数。随着系统增益变大，根轨迹将终止于系统零点或无穷远处。

一个简单的位置伺服控制负反馈方框图如图 2 - 1 所示。积分器表明位置信息通过对速度的积分获得，一阶惯性环节表明由于惯性原因，系统存在时延。

闭环传递函数可以通过方框图得到。经过计算，闭环传递函数变为

$$\frac{Y(s)}{X(s)} = \frac{K}{s(0.5s + 1) + K} \qquad (2-5)$$

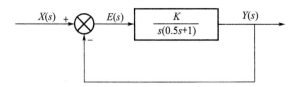

图 2 - 1　位置控制系统的方框图

因此，特征方程为

$$0.5s^2 + s + K = 0 \qquad (2-6)$$

系统的根为

$$s_{1,2} = -1 \pm \sqrt{1 - 2K} \qquad (2-7)$$

随着 K 的取值从 0 变化到无穷，就可以得到根轨迹。K 取值为 $K=0$，$K=0.5$，$K>0.5$ 时，计算出的根为较重要点。$K<0.5$ 时，根为负值，且从 0 变化到 -2。$K=0.5$ 时的根为分离点，随着 K 的增加，系统的根为复数，两个复数根沿平行于虚轴方向趋向无穷远处。通过对比第 1 章中所研究的二阶传递函数，可以得到

$$\omega_n = \sqrt{2K}$$

以及

$$\xi = \sqrt{\frac{1}{2K}}$$

并且可以得知

$$\cos\theta = \xi$$

上述二阶系统的根轨迹如图 2-2 所示。本例中，两条轨迹终止于无穷远处。

图 2-3 所示为一个可以代表直流电机位置控制系统的简单三阶传递函数。

该模型中考虑了系统中电感的影响。开环传递函数中包含一个积分环节和两个一阶惯性环节，因此，系统在 $s=0$，$s=-1$，$s=-2$ 处有三个极点。随着增益 K 的增加，轨迹起始于这三个极点，终止于无穷远处。应该注意到，系统没有使开环传递函数分子等于零的零点。可以得到闭环传递函数为

$$\frac{Y(s)}{X(s)} = \frac{K}{0.5s^3 + 1.5s^2 + s + K} \qquad (2-8)$$

特征方程为

$$0.5s^3 + 1.5s^2 + s + K = 0 \qquad (2-9)$$

MathCAD 中的 polyroots 语句可以用来计算不同 K 值下的特征方程的根。该系统的根轨迹如图 2-4 所示。$K=0$ 时有三个负实根。随着 K 的增加，两个实根相向运动，第三个实根沿负实轴向无穷远处运动。两个相向运动的实根离开实轴变为复数根。随着 K 继续增加，复数根的实部由负变正，这表明系统变得不稳定。这种情况下，根轨迹进入了 s 平面的右半部分。

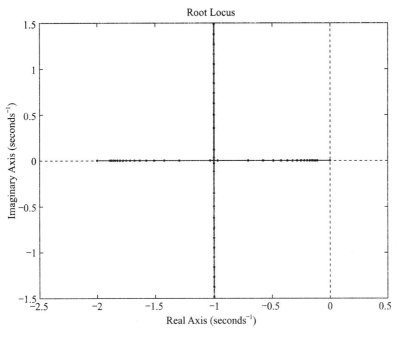

图 2-2 二阶系统的根轨迹[①]

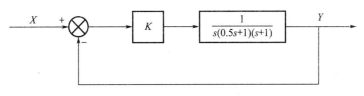

图 2-3 增益为 K 的三阶系统方框图

高阶系统存在更多的根,根轨迹会变得更加复杂。同样有相应的计算机程序可以从开环传递函数得出根轨迹,从而省去计算闭环传递函数的过程,本书中使用 MathCAD 软件绘制根轨迹。计算每一个根处的增益 K 也有相应的方法,使用 MathCAD 的 polyroots 功能,可以求出每个增益或关心的参数下相应的根值。通过查根值表也可以得到校正的增益值或关心的参数,从而无须考虑图形方法的详细过程。

计算机软件也可以计算出任意阶数特征方程的根,最常用的两个软件分别是 MATLAB 和 MathCAD。画出根轨迹曲线后,根的实部决定了阻尼比,虚部决定了振荡频率。对于大多数控制系统来说,阻尼比选在 0.7~1 之间,0.7 的阻尼比会存在一个小的超调量,阻尼比为 1 时无超调量。这样选择阻尼比意味着所有的根必须落在 s 域左半平面的 ±45° 线之间。

为保证系统稳定,所有根必须落在 s 域的左半平面,虚部实际表征了振荡频率。根距离原点越远,系统对于阶跃输入的响应速度越快。想要使系统获得一个对于阶跃输入的良

---

① 本书中根轨迹图为译者用 MATLAB 所画,与原著不同。——编者注

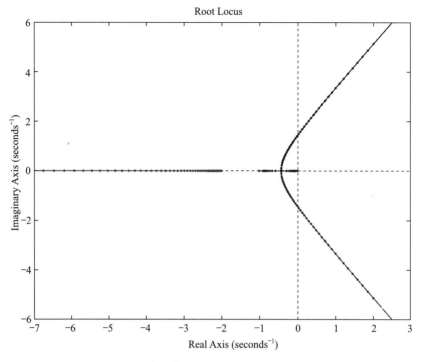

图 2 - 4　典型三阶特征方程根轨迹

好响应，则所有的根必须落在 45°线与负实轴之间。对于存在多根的复杂系统而言，最靠近虚轴的根主导系统的阶跃输入响应。

2.4　根轨迹的重要特性

通常，控制系统各部分的传递函数为一阶、二阶惯性环节形式，闭环系统为若干这样的传递函数的串联。这一特点可以用于依据开环传递函数手动画根轨迹曲线。根轨迹有许多重要的特性可以用于绘制轨迹曲线，了解这些特性十分有用。这些特性可以应用于简单的系统，若应用于复杂系统则会较为烦琐。

不失一般性地考虑如图 2 - 5 所示的简单系统。

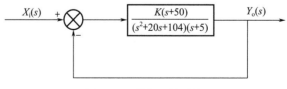

图 2 - 5　单位反馈系统

其中 X_i 是输入变量，Y_o 是被控的输出变量。分母中的二阶部分可以当作一个弹簧阻尼器传递函数。分子分母中的其他部分可以代表超前滞后补偿网络。K 为增益参数，可以通过调整 K 的值来得到兼顾稳定性与快速响应的系统。

闭环传递函数为

$$\frac{Y_o(s)}{X_i(s)} = \frac{K(s+50)}{(s^2+20s+104)(s+5)+K(s+50)}$$

因此，特征方程为

$$(s^2+20s+104)(s+5)+K(s+50)=0$$

将上述特征方程移项整理，得到特征方程标准形式如下

$$\frac{(s^2+20s+104)(s+5)}{K(s+50)} = -1 \qquad (2-10)$$

角度法则规定，方程（2-10）左侧复数的角度应为沿实轴逆时针的 $\pm 180°$。

幅值法则规定，方程（2-10）左侧幅值应为 -1。

这两条法则及一些其他轨迹特征辅助我们手动画根轨迹曲线。对于开环传递函数来说，分母阶数为 $n=3$，分子阶数为 $m=1$。从特征方程中可以明确知道系统存在 3 条轨迹。当 $K=0$ 时，根轨迹起始于传递函数的极点，终止于分子零点，其余几条轨迹终止于无穷远处。本例中，$K=0$ 时，极点为

$$(s^2+20s+104)(s+5)+K(s+50)=0$$

$$s_1=-5, s_{2,3}=-10 \pm 2i \qquad (2-11)$$

可以看出，即使是简单的二阶系统，也可以用 MathCAD 软件来确定系统的根。图示中用圈表示零点，本例中只有一个零点，即

$$Z=-50$$

系统极点、零点如图 2-6 所示。

趋向无穷远处的轨迹存在渐近线，渐近线由以下方程确定

$$\theta_1 = \frac{(2l+1) \cdot 180°}{n-m}$$

$$\theta_2 = \frac{-(2l+1) \cdot 180°}{n-m}$$

其中，l 为任意整数。对于实际系统，复数根总是共轭存在，因此对于这种共轭复数，渐近线存在一正一负两条。令整数 $l=0$，则渐近线的角度为

$$\theta_1 = 90°$$

$$\theta_2 = -90°$$

所有的渐近线相交于实轴同一点，该交点距原点的距离为

$$d = \frac{\text{开环极点和-开环零点和}}{n-m}$$

式中，n 为开环极点数；m 为开环零点数。

应该注意到，因为所有的复数根都是共轭存在的，因此距离 d 为实数。本例中的交点距原点的距离 d 计算如下

$$d = \frac{-10-2i-10+2i-5+50}{2}$$

$$d = 12.5$$

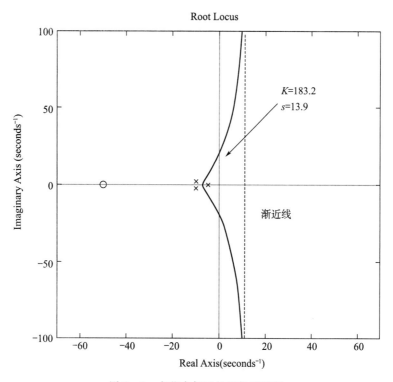

图 2-6　本节中例子的根轨迹草图

轨迹离开复数开环极点，到达复数开环零点满足角度法则，如此处所举例子，考虑离复数根很近的一点的出射角

$$180° - 170° - 180° + \alpha = \pm(2l + 1) \cdot 180°$$

所以 $\alpha = \pm 10°$。

另一重要的点为轨迹与虚轴的交点。上述系统的特征方程如下

$$s^3 + 25s^2 + (K + 204)s + 520 + 50K = 0$$

构建劳斯-赫尔维茨行列表为

s^3	1	$204 + K$	0
s^2	25	$520 + 50K$	0
s^1	$183.2 - K$	0	0
s^0	$\dfrac{9\,626.4 + 8\,640K - 50K^2}{183.2 - K}$	0	0

为保证系统的稳定性，K 的取值必须满足行列表第一列为正数，则由此可以得出轨迹穿过虚轴的 K 值。第三行第一列表达式表明 K 值必须小于 183.2。第四行第一列更为复杂，因为 K 的幂指数为 2，分母中也含有系数 K。很明显，$K = 183.2$ 时，第四行第一列为正。为了找到根轨迹与虚轴的交点，构建辅助方程形式如下

$$K = 183.2$$

$$25s^2 + 520 + 50K = 0$$

所以

$$s = \sqrt{\frac{-(520 + 50K)}{50}}$$

$$s_{1,2} = \pm 13.91\mathrm{i}$$

这些点在虚轴上用叉号表示出。鼓励读者亲自进行劳斯-赫尔维茨判据运算来验证此处给出数据的正确性。出于设计目的，为得到 0.7 的阻尼比，必须选择合适的 K 值。从原点画 45°线可以得到这一阻尼比，45°线与轨迹的交点即为阻尼比为 0.7 时对应的根。其余过程与之前相同，只有幅值发生了改变。通过幅值法则得到增益的值

$$K = \frac{A_1 \cdot A_2 \cdots}{B_1 \cdot B_2 \cdots}$$

$$K = \frac{1.5 \times 2.5 \times 1.3}{6}$$

$$K = 0.813$$

通过得出这些重要的点，图 2-6 所示根轨迹可以手动画出。这只是一个近似的根轨迹，对于复杂系统来说，以上过程会变得十分复杂。掌握这些特性十分有用，当使用 MathCAD 软件画根轨迹时，这些点可以在曲线上识别出来。开环及反馈传递函数为简单的串联形式时，上述过程同样适用。

出于设计目的考虑，可以增加系统极点、零点将根轨迹改变至期望位置，本例中添加一个超前滞后网络来改善较大阻尼比下系统的响应速度。

使用 MathCAD 软件通过计算出的特征方程的根画出根轨迹曲线。为了便于参考，闭环特征方程可以依照上述方法较为方便地计算出来。特征方程已经完全展开，使用此类功能强大的软件，无需手动计算。

$$s^3 + 25s^2 + (204 + K)s + (520 + 50K) = 0$$

$$K = 0$$

$$F = \begin{bmatrix} 502 + 50K \\ 204 + K \\ 25 \\ 1 \end{bmatrix}$$

$$G = \mathrm{polyroots}(F)$$

$$G = \begin{bmatrix} -10 - 2\mathrm{i} \\ -10 + 2\mathrm{i} \\ -5 \end{bmatrix}$$

绘制所需的根轨迹时，对每一个点重复该过程。图 2-7 所示为 $K = 0$ 到 $K = 500$ 的根轨迹曲线。可以看出手动画的根轨迹之间比较相似。增益 $K = 500$ 时的根值如下

$$K = 500$$

$$F = \begin{bmatrix} 502 + 50K \\ 204 + K \\ 25 \\ 1 \end{bmatrix}$$

$$G = \text{polyroots}(F)$$

$$G = \begin{bmatrix} -29.947 \\ 2.474 + 29.087i \\ 2.474 - 29.087i \end{bmatrix}$$

轨迹如图 2 - 7 所示。

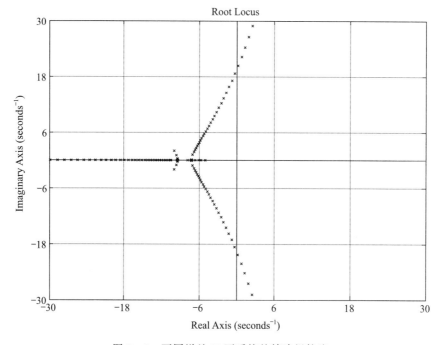

图 2 - 7   不同增益 K 下系统的精确根轨迹

　　计算不同增益值下的根值，从而画出根轨迹。每一个增益对应的根值都存放在数组中，然后将结果在图中画出。因为增益值存在很多取值，所以根被存放在三个数组中，然后画出轨迹图。可以看出，两条根轨迹十分相似。事实上，通过试探几个增益就能够找到满足一定阻尼比下令系统快速响应的根的位置，不需要画出完整的根轨迹，同时也可以增加零点、极点来改善系统的响应。

2.5　Nyquist 稳定判据证明

　　本节供想要深入了解 Nyquist 稳定判据的读者参考，对深入了解控制理论不感兴趣的读者可以跳过这部分。想要深入了解控制理论的读者可以参考先进控制理论书籍，如

Prentice Hall 公司出版的图书 *Modern Control Engineering*，该书有两册，超过 1 000 页，不是很适合于只想了解基础控制理论在工业中应用的工程师。本节内容摘自上述图书，且对于工业应用，下面给出的材料已经足够了。增加该部分是因其十分有趣且并不是很复杂，本节对摘自上述图书中的内容做了一些修改调整，使其表意更加清晰。

令 $F(s)$ 为两个 s 多项式函数的比值，使用映射定理来证明 Nyquist 稳定判据。多项式可能会有 $s=0$ 的重根，令极点数为 n，这在分母中很容易得到，令零点数为 m，这在分子中也很容易得到，零点和极点落在一段闭合曲线内，且该曲线不穿过任何零点、极点。

将这条闭合曲线映射到 $F(s)$ 平面，随着代表的点 s 沿顺时针方向在 s 平面画出轨迹，其映射到 $F(s)$ 平面的同为一条闭合曲线。令 $p=n-m$ 为零点与极点的差值，曲线在 $F(s)$ 平面顺时针方向包围原点的圈数为 p。注意到通过这种映射，只能得到零点与极点的差值，映射定理的证明过程不在本书的讨论范围内。

我们注意到 p 为正数时表明极点数大于零点数，p 为负数时表明零点数大于极点数。在特征方程为 $1+G(s)H(s)$ 的控制系统中，可以通过特征方程很容易地得到零点和极点。$G(s)$ 为前向通道传递函数，也包含了控制传递函数；$H(s)$ 为反馈通道传递函数。理论上，零、极点数不重要，我们只关心包围原点的圈数。

现在，应用映射定理证明 Nyquist 稳定判据。对于线性控制系统，s 右半平面内一个半径为无穷的半圆与虚轴构成了一个闭合区域，令 s 平面内的闭合曲线落在这一区域内，这被称作 Nyquist 路径。曲线贯穿整个 $i\omega$ 轴，从 ω 等于负无穷到 ω 等于正无穷，其中 i 为虚数单位。路径的方向为顺时针方向。Nyquist 曲线包含整个 s 平面的右半部分，也包含函数 $1+G(s)H(s)$ 的所有实部为正的极点和零点。曲线不能穿过任何的零点和极点。如果方程在 s 右半平面没有零点，则不会在 s 右半平面存在闭环极点，因此系统是稳定的。如果 $G(s)H(s)$ 在原点处有一个或若干极点，则映射是不确定的，可以通过在原点处绕开它们来避免这种不确定。

如果映射定理用于 $F(s)=1+G(s)H(s)$ 的特殊情况，则我们可以进行如下处理。将 s 平面的闭合曲线变换到 s 平面的右半部分，则通过闭环传递函数平面上相应的闭合曲线可以得知，方程在 s 右半平面的零点数等于方程在右半平面的极点数加上闭环传递函数平面内顺时针方向包围原点的圈数。基于这一假设条件，有

$$\lim_{s\to\infty}(1+G(s)H(s))=常数$$

当 s 超出半径无穷的半圆时，函数 $1+G(s)H(s)$ 变为常数。因此，上述函数轨迹是否在函数域包围原点可以只通过在 s 域内的一部分闭合曲线确定，即沿虚轴部分。假定在虚轴上没有零点或极点，则如果包围原点，必然发生在映射点 s 沿虚轴从 $-i\omega$ 运动到 $i\omega$ 的过程中。

我们注意到 ω 从负无穷到正无穷时，$1+G(s)H(s)$ 部分画出的曲线就是 $1+G(i\omega)H(i\omega)$。因为 $1+G(i\omega)H(i\omega)$ 为单位向量与向量 $G(i\omega)H(i\omega)$ 的向量和，所以 $1+G(i\omega)H(i\omega)$ 等于从起点 $-1+0i$ 画到终点 $G(i\omega)H(i\omega)$ 的向量，如图 2-8 所示。通常，j

或 i 用来表示复数单位，图 2 - 8 中用 j 表示复数单位。

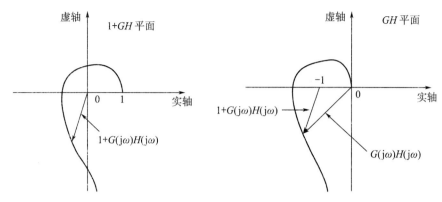

图 2 - 8　1＋G（iω）H（iω）与 G（iω）H（iω）曲线

　　1＋G（iω）H（iω）曲线包围原点圈数等于 G（iω）H（iω）轨迹包围点 －1＋0i 的圈数。因此，闭环系统的稳定性可以通过判断 G（iω）H（iω）轨迹包含点 －1＋0i 的圈数来得出。

　　轨迹顺时针包围点 －1 的圈数可以通过如下方法得到，以点 －1 为起点画向量，终点在 G（iω）H（iω）轨迹上，从 ω＝－∞ 变化到 ω＝∞，向量顺时针旋转的圈数即为轨迹顺时针包围点 －1 的圈数。我们注意到 ω 从负无穷到 0 时，方程的轨迹与 ω 从 0 到正无穷时的轨迹关于实轴对称。图 2 - 8 所示为 ω 从 0 到负无穷时的轨迹。

　　在之前的讨论中，G（s）H（s）为两个 s 多项式的比值。因此传递的延迟 e^{-Ts} 被排除在外。然而我们应了解，对带有延迟环节的系统有类似的讨论，但这部分的证明不在本书的讨论范围内。带有延迟环节的系统的稳定性可以通过开环频率响应曲线包围点 －1 的圈数来确定，这一过程与开环传递函数为两个 s 多项式的比值的系统相同。

　　通过之前的讨论，现在可以建立 Nyquist 稳定判据。对于 G（s）H（s）函数在虚轴上没有零点、极点的特殊情况，或是如果 G（s）H（s）传递函数在虚轴右侧有 k 个极点且 $\lim\limits_{s \to \infty} G(s)H(s)$＝常数，$G$（$s$）$H$（$s$）传递函数随着 s 从 ω＝－∞ 变化到 ω＝＋∞ 包围点 －1 的次数为 k，则闭环传递函数稳定。同时我们注意到如果开环传递函数在虚轴右侧有极点，则开环传递函数不稳定。上述稳定判据证明了闭环传递函数是稳定的。

　　现在考虑如下特殊情况，即系统的零点、极点分布在不同的位置。之前描述的 Nyquist 稳定判据可以进行如下定义，令 n 为函数 1＋G（s）H（s）的零点数，k 为顺时针包围点 －1 的圈数，m 为 G（s）H（s）在 s 右半平面的极点数。然后可以得到如下等式，n＝k＋m。如果稳定控制系统的 m 不等于 0，则 n 的值必为 0，且有 k＝－m，表明逆时针包围点 －1 圈为 m。如果 G（s）H（s）在 s 右半平面没有极点，则 n＝k，因此就稳定性而言，不包围实轴上的点 －1。这是 2.6 节需要用到的 Nyquist 稳定判据的证明。

2.6　Nyquist 曲线

　　图 2 - 9 所示控制系统的前向通道函数为 G（s），反馈通道函数为 H（s）。

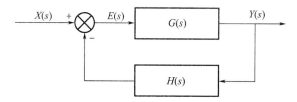

图 2 - 9 典型负反馈控制系统

闭环传递函数为

$$\frac{Y(s)}{X(s)} = \frac{G(s)}{1 + G(s)H(s)} \qquad (2-12)$$

为了得到 Nyquist 曲线，只需要考虑开环传递函数 $G(s)H(s)$ 的频率响应即可。为得到频率响应，用 $i\omega$ 代替 s，得到的计算结果为一个带有实部和虚部的复数，可以得到幅值比和相角如下

$$幅值比 = \sqrt{实部^2 + 虚部^2} \qquad (2-13)$$

$$\tan\varphi = \frac{虚部}{实部} \qquad (2-14)$$

这里不必详细证明 Nyquist 稳定判据。从方程（2 - 10）中可以看出，在某一特定频率下，$G(s)H(s)$ 等于 -1。因此开环稳定系统的 Nyquist 稳定判据即为开环传递函数 $G(s)H(s)$ 的频率响应曲线不包围点 -1。需强调的是，在 Nyquist 曲线上开环传递函数的频率响应是画在极坐标上的。

例 1 一阶开环传递函数系统。

图 2 - 10 所示为单位反馈的一阶开环传递函数系统。

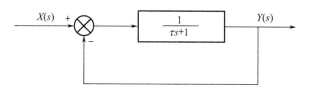

图 2 - 10 单位反馈的一阶开环传递函数系统

$$G(i\omega) = \frac{1}{\tau i\omega + 1}$$

在之前的章节中已经得到的幅值比和相角公式为

$$M = \frac{1}{\sqrt{1 + \tau^2 \omega^2}} \qquad (2-15)$$

$$\varphi = -\arctan(\tau\omega) \qquad (2-16)$$

开环传递函数频率响应曲线，也称作 Nyquist 曲线，如图 2 - 11 所示。可以看出一阶惯性环节传递函数轨迹是一个半圆。$\omega = 0$ 时，曲线起始于点 1，且随着频率增大，曲线终止于原点，这表明此类传递函数是稳定的。单位阶跃输入响应总是过阻尼的，如图 2 - 11 所示。

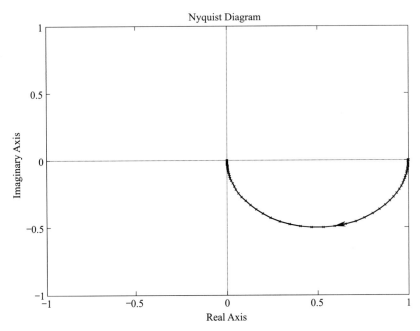

图 2-11　一阶惯性环节开环传递函数 Nyquist 曲线

可以看出 Nyquist 曲线沿顺时针方向从点（1，0）运动到点（0，0），全部落在第四象限，系统也是稳定的。

图 2-12 所示为含有二阶惯性环节开环传递函数的系统。假定系统为单位增益及单位反馈。

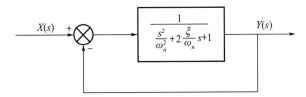

图 2-12　带有二阶惯性环节开环传递函数的单位反馈控制系统

则幅值比和相角如下

$$M = \cfrac{1}{\sqrt{\left(1 - \cfrac{\omega^2}{\omega_n^2}\right)^2 + \cfrac{4\xi^2\omega^2}{\omega_n^2}}} \tag{2-17}$$

$$\varphi = -\arctan\cfrac{2\xi\cfrac{\omega}{\omega_n}}{1 - \cfrac{\omega^2}{\omega_n^2}} \tag{2-18}$$

阻尼比 $\xi = 0.1$ 的 Nyquist 曲线如图 2-13 所示。轨迹起始于点 1，高频时终止于原点。曲线与虚轴的交点处的频率为阶跃输入的振荡频率。相角最大值为 $-180°$。可以看出在轨迹接近 -1 点时，系统变得更加振荡，因此可以通过幅值裕度与相角裕度来定义系统的相对稳定性。需要注意到振荡幅度和相角不随着频率变化而线性变化。如$-90°$附近的分散的点表明，这一区域内频率值变化很小，但在 Nyquist 曲线上变化较大。

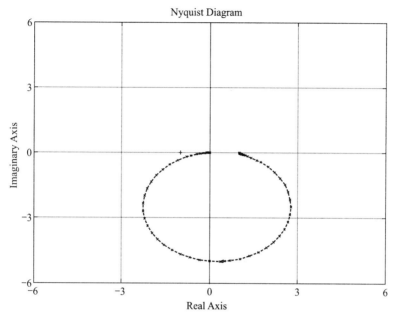

图 2 - 13　$\xi = 0.1$ 时二阶系统 Nyquist 曲线（频率从 $\dfrac{\omega}{\omega_n} = 0$ 到 $\dfrac{\omega}{\omega_n} = \infty$）

对于三阶或更高阶的系统，Nyquist 曲线将进入三、四象限。可以看到每个开环传递函数分母中幂指数最高的 s 在高频区域都会产生一个 $90°$ 的相角滞后。以上两个例子中都采用的是单位增益，因此，Nyquist 曲线在频率为 0 时都起始于实轴上的点 1。如果分母中有积分环节，则每个积分都会在 Nyquist 曲线上产生一个 $90°$ 的相角滞后。因此，分母中有两个或两个以上积分环节的系统会变得不稳定。之后将讨论对于这种系统，必须设计补偿网络。

幅值裕度定义为：引起系统变得不稳定之前，幅值可以增加的量。如图 2 - 14 所示，定义 d 为曲线与负实轴的交点到原点的距离。则有

$$幅值裕度 = \frac{1}{d} \qquad\qquad (2-19)$$

通常幅值裕度以 dB 为单位，即

$$幅值裕度 = 20\lg\frac{1}{d} = -20\lg d \qquad\qquad (2-20)$$

对于稳定系统来说，$d < 1$，因此稳定系统的幅值裕度为正，而对于不稳定系统来说，幅值裕度没有意义。相角裕度定义为：使系统变得不稳定时需要将 Nyquist 曲线旋转的角度。定义负实轴与 $M = 1$ 之间的相角为相角裕度。图 2 - 14 中轨迹与负实轴交点在 $d = -0.25$ 处。

$$幅值裕度 = -20\lg(0.25)\text{dB} = 12 \text{ dB}$$

$$相角裕度 = 90°$$

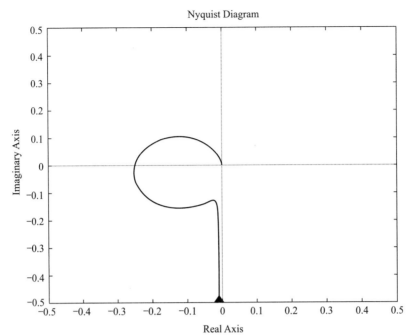

图 2 - 14　带积分环节的三阶开环传递函数 $\left(\dfrac{Y(s)}{E(s)} = \dfrac{0.1}{s(0.25s^2 + 0.1s + 1)}\right)$ Nyquist 曲线

幅值裕度、相角裕度如上时，闭环系统的阶跃输入响应在一个较满意的水平。

通常对于稳定系统来说，为了得到最小的振荡，在设计阶段必须满足幅值裕度大于 6 dB，相角裕度大于 45°。对于图 2 - 15 所示系统，增益可以增加 6 dB，响应仍然是可接受的。

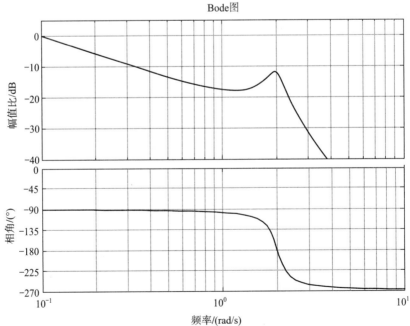

图 2 - 15　开环传递函数 $\left(\dfrac{Y(s)}{E(s)} = \dfrac{0.1}{s(0.25s^2 + 0.1s + 1)}\right)$ 的 Bode 图，相角达 270°

由 Nyquist 曲线与负实轴之间的交点可以得到幅值裕度，所以这一交点必须计算。如图 2 - 15 所示，在交点附近，Nyquist 曲线和频率都有较大的变化。图中的网络显示了对于给定频率的精确点。巧合的是，可以看到在交点处就有一个精确的点，否则的话需要计算更多的点。

2.7　Bode 图

Bode 图是另一种用来表示开环传递函数频率响应的方法。在对数频率坐标下画出以 dB 为单位的幅值比，在幅值比曲线的同一图中，或是在其下方独立的图中，画出相角在对数频率坐标下的曲线。典型 Bode 图如图 2 - 15 所示。

随着频率的增加，三阶传递函数的相角达 $-270°$。图 2 - 15 中的曲线图表明，相角达到 $-180°$ 然后开始减小。这是由于反余弦函数只支持显示 $180°$ 到 $-180°$。超过 $-180°$ 的相角从 $-180°$ 开始反向减小。绝对相角超过了 $-180°$。为了得出相角的方向，可以研究以下用于画 Bode 图的各方程中的实数、虚数值。

$$i = \sqrt{-1}$$

$$z(\omega) = \frac{0.1}{(0 + i\omega)(0.25\omega^2 + 0.1i\omega + 1)}$$

$$x(\omega) = \mathrm{Re}(z(\omega))$$

$$y(\omega) = \mathrm{Im}(z(\omega))$$

$$M(\omega) = \sqrt{(x(\omega))^2 + (y(\omega))^2}$$

$$\psi(\omega) = \frac{-180 \arccos \dfrac{x(\omega)}{M(\omega)}}{\pi}$$

$$\mathrm{Amp}(\omega) = 20\lg(M(\omega))$$

Nyquist 曲线中定义的幅值裕度和相角裕度可以从 Bode 图中得到，当然这只针对稳定系统。如果幅值比曲线在相角为 $-180°$ 时穿过 0 dB 线到达 0 dB 线下方，则闭环系统不稳定。如图 2 - 15 中的 Bode 图所示，幅值裕度为 12 dB，相角裕度为 $-180°$ 线与幅值比为 0 dB 时的实际相角之间的角度差。对于图 2 - 15 中系统，这个差值为 $90°$。

应注意到，手画开环传递函数频率响应曲线十分复杂。每一个频率处，开环响应都是复数。方程（2 - 7）可以用来计算闭环系统的频率响应，同样存在从开环频率响应得到闭环频率响应的作图方法。但是随着计算机的出现，这些方法都已经不再推荐大家使用。

以上分析为控制系统的基本分析，在下面的例子中，将针对一些简单或复杂的系统展开分析。这其中包含应用于伺服电机系统中的一些机械系统或电气系统。

例 2　简单弹簧系统。

一个简单的线性扭转弹簧如图 2 - 16 所示。力 F 与位移 x 之间的关系呈线性关系，可以写作

$$\begin{cases} F = Kx \\ T = K\theta \end{cases} \qquad (2-21)$$

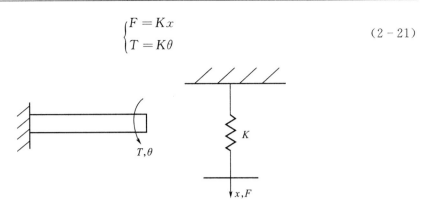

图2-16　代表机械比例系统的线性扭转弹簧

这个关系在图2-17中以方框图的形式表示，其中力 F 为输入，位移 x 为输出。施加力 F 时，输出位移 x 迅速响应。$1/K$ 项为一个零阶传递函数。

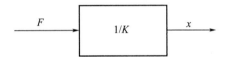

图2-17　代表线性系统的方框图

例3　两路信号的加减系统。

图2-18所示为一个可以用来对两路信号求和或做差的机械装置。系统由一个带有三个可运动的点的机械杆构成。

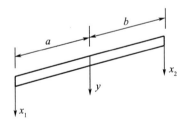

图2-18　比例反馈系统的机械装置

x_1，x_2，y 同向时，输出 y 与 x_1，x_2 之间的关系为

$$y = \frac{b}{a+b}x_1 + \frac{a}{a+b}x_2 \qquad (2-22)$$

如果 x_1 或 x_2 的方向改变，则系统构成一个负反馈控制

$$y = \frac{b}{a+b}x_1 - \frac{a}{a+b}x_2 \qquad (2-23)$$

图2-19将上述方程以方框图形式表示。箭头表示信号流动方向。

例4　弹簧-阻尼系统。

图2-20所示为一个简单的弹簧-阻尼系统。通常输入为力，输出为位移。写出位移

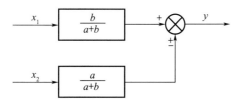

图 2 - 19　比例控制的方框图

与力之间的运动关系方程为

$$M \frac{\mathrm{d}^2 x}{\mathrm{d}t^2} + C \frac{\mathrm{d}x}{\mathrm{d}t} + Kx = F \qquad (2-24)$$

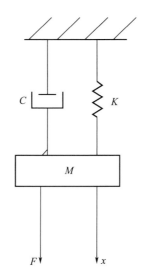

图 2 - 20　简单的弹簧-阻尼系统

位移是在静态平衡位置测量的，因此，忽略了系统的质量。

对方程（2 - 24）两端进行拉普拉斯变换，并假定为零初始条件，得到

$$Ms^2 x + Csx + Kx = F \qquad (2-25)$$

经过运算整理，方程（2 - 25）可以写成以下标准形式

$$x = \frac{\dfrac{F}{K}}{\dfrac{M}{K}s^2 + \dfrac{C}{K}s + 1} \qquad (2-26)$$

自然频率与阻尼比为

$$\begin{cases} \omega_n = \sqrt{\dfrac{K}{M}} \\[3mm] \xi = \dfrac{C}{2\sqrt{KM}} \end{cases} \qquad (2-27)$$

如第 1 章所讨论的，响应特性可以完全由 ω_n，ξ 描述，系统总是稳定的，但可能会存

在过阻尼或欠阻尼的情况。

例5 齿轮系统。

两个齿轮接触时，通常将角 θ_1 视作输入，角 θ_2 视作输出（见图 2-21）。如果输入齿轮的直径为 d_1，输出齿轮的直径为 d_2，则可以写出如下关于转速比 n 与转矩之间的关系

$$n = \frac{d_2}{d_1}$$

$$\theta_2 = \frac{\theta_1}{n} \tag{2-28}$$

$$T_2 = nT_1$$

图 2-21 中给出了方程（2-28）中定义参数的方向。

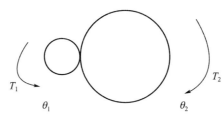

图 2-21 齿轮系统

例6 比例、微分、积分及超前滞后动作的产生电路。

有些电子元器件可用于实现比例、积分及微分功能。这类电子元器件称作运算放大器，或简称为运放。本书的目的不在于描述电路设计，而是给出它们应用于控制系统中时功能的简单描述。图 2-22 中用三角形表示运放，同时三角形也标示出了信号的流向。

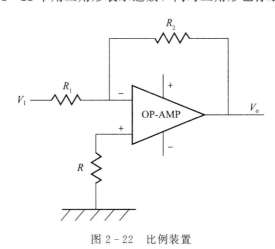

图 2-22 比例装置

图 2-22 所示为使用运放搭建的放大与比例控制装置。两个输入，一个为同相端，一个为反相端。反相引脚接信号输入。另外一对运放侧面的正负号为电源输入引脚。准确的结构与电路图通常可以从厂商数据手册中查到。

对于放大器，输出电压通过将输入信号乘以增益 K 得到，如下所示

$$\begin{cases} V_o = -KV_1 \\ K = \dfrac{R_2}{R_1} \end{cases} \tag{2-29}$$

应该注意到，运放改变了信号的符号，为了得到同相的增益则必须使用两个运放串联。对于负反馈控制来说，连接形式如图 2-23 所示。

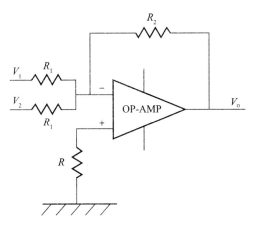

图 2-23　负反馈比例控制结构

此时

$$\begin{cases} V_o = -K(V_2 + V_1) \\ K = \dfrac{R_2}{R_1} \end{cases} \tag{2-30}$$

对于负反馈控制，其中一个信号的方向被改变，此时

$$V_o = -K(V_1 - V_2) \tag{2-31}$$

将一个电容接入运算放大器的反馈环节中，可以构成一个积分器，如图 2-24 所示。

$$\begin{cases} \dfrac{V_o}{V_i} = \dfrac{R_2 + \dfrac{1}{Cs}}{R_1} \\ \dfrac{V_o}{V_i} = \dfrac{R_2 Cs + 1}{R_1 Cs} \end{cases} \tag{2-32}$$

如果 R_2 值为 0，则运放变成一个纯积分器。

当在运放输入端接入电容时，则构成一个微分器，再在输入环节中额外增加一个电阻，则运放变成一个带延迟网络的微分器，延迟网络通常用于降低在进行微分时被放大的噪声，如图 2-25 所示。

为了得到运放的增益，必须区分开反馈环节的阻抗与输入环节的阻抗。因此得到

$$\begin{cases} \dfrac{V_o}{V_i} = \dfrac{R_2}{R_1 + \dfrac{1}{Cs}} \\ \dfrac{V_o}{V_i} = \dfrac{R_2 Cs}{R_1 Cs + 1} \end{cases} \tag{2-33}$$

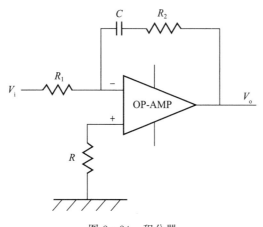

图 2-24　积分器

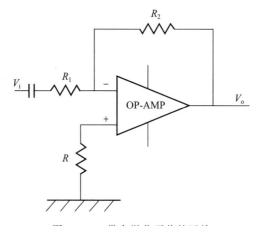

图 2-25　带有微分环节的运放

当运算放大器的输入、输出环节都增加电容后，则构成一个超前滞后网络，如图 2-26 所示。此时

$$\begin{cases} \dfrac{V_o}{V_i} = \dfrac{R_2 + \dfrac{1}{C_2 s}}{R_1 + \dfrac{1}{C_1 s}} \\[4mm] \dfrac{V_o}{V_i} = \dfrac{C_1(R_2 C_2 s + 1)}{C_2(R_1 C_1 s + 1)} \end{cases} \tag{2-34}$$

通常我们期望增大反馈控制系统的增益来加快响应速度，减小稳态误差。增大增益时，系统趋向不稳定。为了克服这一问题，使用比例＋积分＋微分控制网络，简称 PID 控制。问题转化为调整 PID 的三个参数。微分环节总是会放大系统噪声，这种情况下，最好选用超前滞后网络。

例 7　位置伺服控制。

图 2-27 所示为一个最简单的他励直流电机位置控制系统模型。回路中有一个由转子

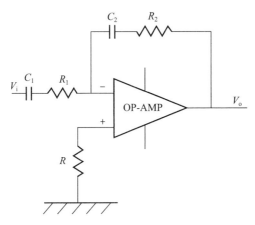

图 2 - 26　带有超前滞后网络的运放

惯性带来的延迟环节，还有两个积分环节。两个积分环节中，一个将速度信号转化为位置信号，另一个用来消除稳态误差。这些在本章中会详细讨论。

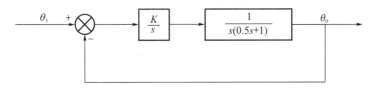

图 2 - 27　位置控制系统简化模型

可得到闭环传递函数为

$$\frac{\theta_o}{\theta_i} = \frac{K}{0.5s^3 + s^2 + K} \tag{2-35}$$

其中，θ_o 与 θ_i 分别为输出位置与期望的位置。可以通过劳斯-赫尔维茨方法快速判断系统是否稳定。构建的劳斯-赫尔维茨行列表如下所示

$$
\begin{array}{cccc}
s^3 & 0.5 & 0 & 0 \\
s^2 & 1 & K & 0 \\
s & -0.5K & 0 & 0 \\
s^0 & K & 0 & 0
\end{array}
$$

第一列中有两次符号变化，这表明无论 K 取何值，系统都是不稳定的，且在复平面的右半平面有两个根。这只是一个简单判断控制系统稳定性的方法，不能得出系统稳定时的振荡程度。MathCAD 或其他控制软件可以用来计算特征方程的根。在 MathCAD 程序中，定义一个向量（v）为特征方程的系数，其中第一个元素必须为常数。然后，语句 polyroots（v）可解出特征方程的根。通过这种方法，可以改变增益的值来观察根在复平面内如何移动。如果需要，也可以画出根轨迹。此外，改变增益的值使得所有的根落在 $\pm$ 45°线之内且尽可能远离原点，这样，系统能够以最小的振荡幅度快速响应。如果系统如本例中所示，为不稳定系统，则必须用补偿网络让系统在可接受的瞬态响应下保持稳定。

对于本例，使用 MathCAD 软件计算不同 K 值下的所有的根。例如，$K = 0$ 时，定义向量 v 为

$$v = \begin{bmatrix} 1.0 \\ 0.0 \\ 1.0 \\ 0.5 \end{bmatrix}$$

$$\text{polyroots}(v) = \begin{bmatrix} -2.359 \\ 0.18 - 0.903\text{i} \\ 0.18 + 0.903\text{i} \end{bmatrix}$$

可以看到，有一个负实根和两个实部为正的复数根，表明上述选择的 K 值对应的特征方程不稳定。事实上，可以重复以上过程来证明，对于所有的增益值，系统都是不稳定的。

事实上，如果需要的话，重复上述过程也可以画出系统的根轨迹。可以看到，所有的根都趋向无穷。实数根在负实轴上运动，趋向无穷，共轭存在的两个复数根在 s 平面的右半部分趋向无穷。轨迹数总是与特征方程的阶数相等。如果开环传递函数中有零点，则其中的一些轨迹会趋向这些零点，否则，轨迹将趋向无穷。

$$K = 0 \quad s_1 = -2.0 \quad s_{2,3} = 0.0$$
$$K = 1 \quad s_1 = -2.4 \quad s_{2,3} = 0.3 \pm 1.2\text{i}$$
$$K = 5 \quad s_1 = -3.0 \quad s_{2,3} = 0.5 \pm 1.8\text{i}$$

例 8　速度反馈伺服控制。

如上一例所示，双积分器的位置控制系统本质上就是不稳定的。为了引入阻尼，同时稳定系统，需添加一个速度反馈。微分环节总是在系统中引入噪声。实际上，使用一个小型直流电机作为速度计连接到电机上，可以依据电机速度成比例地产生电压，如图 2-28 所示。

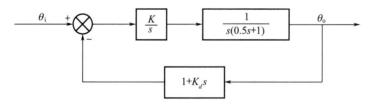

图 2-28　带位置及微分反馈的位置伺服控制系统

可得到闭环传递函数为

$$\frac{\theta_\text{o}}{\theta_\text{i}} = \frac{\dfrac{K}{s(0.5s^2 + s)}}{1 + \dfrac{(1 + K_d s)K}{s(0.5s^2 + s)}} \tag{2-36}$$

分母中的右半部分为开环传递函数，这表明，增加速度反馈后，系统出现了一个可以

吸收不稳定根的零点。因此，系统变得更加稳定。化简方程（2 - 36）得到

$$\frac{\theta_o}{\theta_i} = \frac{K}{0.5s^3 + s^2 + K_d Ks + K}\qquad (2-37)$$

特征方程为

$$0.5s^3 + s^2 + K_d Ks + K = 0\qquad (2-38)$$

类似上一例，用 MathCAD 软件得到不同 K 和 K_d 值下特征方程的根，结果如下

$K_d = 1$

$\qquad K = 0.2\quad s_1 = -1.9\quad s_{2,3} = -0.5 \pm 0.5i$

$\qquad K = 1\quad s_1 = -1.55\quad s_{2,3} = -0.23 \pm 1.1i$

$\qquad K = 5\quad s_1 = -1.1\quad s_{2,3} = -0.4 \pm 3i$

$K_d = 2$

$\qquad K = 1\quad s_1 = -0.64\quad s_{2,3} = -0.4 \pm 3i$

$\qquad K = 2\quad s_1 = -0.56\quad s_{2,3} = -0.7 \pm 2.6i$

$K_d = 5$

$\qquad K = 1\quad s_1 = -0.2\quad s_{2,3} = -0.9 \pm 3i$

$\qquad K = 5\quad s_1 = -0.2\quad s_{2,3} = -0.9 \pm 7i$

首先改变 K_d 的值，以确保 K 值变化时，开环传递函数的零点不变。显然，两个参数变化时，开环传递函数的极点趋向零点和无穷。响应通常由更靠近虚轴的根主导。K_d 值很小时，复数根主导系统响应，系统变得振荡。

K_d 值变大时，实根变为主导因素，且系统响应变得很慢。当 $K_d = 2$，$K = 2$ 时，实数根与复数根的实部非常接近，这一取值对于系统来说是合适的。如之后将展示的，系统的增益必须尽可能选择较大的值，这样稳态误差就会变得较小。本例中有三个根和两个可变参数；所以不可能在 s 平面内将三个根设置到期望的位置。在下一章中，使用状态变量反馈，可以将根设置在 s 平面的任意位置，唯一的限制为实际的传感器与放大器中存在的噪声和饱和限制。

2.8　稳态误差

对于标准输入来说，我们希望不需要通过求解微分方程就可得到系统的稳态误差。针对这一问题，我们可以应用终值定理来解决。如果 $f(t)$ 的拉普拉斯变换为 $F(s)$，则终值定理可以写作

$$\lim_{t \to \infty} f(t) = \lim_{s \to 0} sF(s)$$

上述方程可以用于计算系统的稳态误差。稳态误差定义为输入值（期望值）与输出值的偏差。

例 9　位置伺服系统的单位阶跃、斜坡、加速度输入引起的误差。

在例 8 中，我们已经讨论了伺服系统的根轨迹。特征方程的根决定了系统瞬态响应特

性。当然，我们也可以通过不同的计算机软件计算瞬态响应。终值定理可以用于估算不同标准输入下的稳态误差。

定义

$$e = \theta_i - \theta_o \qquad (2-39)$$

显然，当变量为时间 t 或 s 的函数时，上述方程同样为时间 t 或 s 的函数。

消去方程（2-37）中的 θ_o，由等式变换得到

$$e = \frac{0.5s^3 + s^2 + K_dKs}{0.5s^3 + s^2 + K_dKs + K}\theta_i \qquad (2-40)$$

现在可以用终值定理得到不同输入函数的稳态误差。

对于单位阶跃输入

$$\theta_i = \frac{1}{s} \qquad (2-41)$$

将等式（2-41）代入等式（2-40），应用终值定理

$$\lim_{t \to \infty} f(t) = \lim_{s \to 0} sF(s)$$

解方程（2-40）得到

$$e = 0$$

这表明阶跃输入的稳态误差为 0。尽管使用的是单位阶跃输入，将结果乘上不同阶跃输入相应的系数，得到的结果仍为 0，这个系数在本例中为单位 1。对于单位斜坡输入 $\theta_i = t$，使用同样的方法参考拉普拉斯变换表进行拉普拉斯变换，得到

$$\theta_i = \frac{1}{s^2}$$

应用终值定理，得到误差为

$$e = K_d$$

这说明虽然微分反馈引入了阻尼，但是在系统中产生了一个跟随误差。对于 $\theta_i = t^2$ 的加速度输入，参考拉普拉斯变换表得到

$$\theta_i = \frac{1}{s^3}$$

应用终值定理，可以得到

$$e = \infty$$

这表明随着时间的增加，稳态误差趋向无穷大。

第3章 状态变量反馈控制系统

3.1 概述

在前两章中，讨论了传统的控制理论以及用于描述不同系统动态性能的传递函数的概念。实际上，超过 3 阶或 4 阶的系统，传递函数就变得十分复杂了，此时最好应用状态变量控制理论进行研究。我们知道，应用 PID 控制可以通过调整三个参数来设计控制系统。然而，仅使用这三个参数并不能对所有特征方程的根进行调整，以得到期望的瞬态和稳态性能。事实上，只能在响应过程中令某一个或某两个根成为主导根，且必须在瞬态响应与稳态误差之间做出取舍。微分环节总是会放大系统的噪声，所以不推荐使用，改用超前滞后网络通常可以产生一个较好的响应。

状态变量反馈控制理论使用矩阵来描述控制系统，这样可以将控制微分方程写成一种紧凑的形式。使用状态变量反馈可以在 s 平面内将系统所有的根调整到期望的位置。然而，存在状态变量的测量、传感器的非线性及放大器的饱和等实际约束条件，限制了根在 s 平面内所能到达的位置。

使用观测器可以通过一个或几个状态变量的实测值，预测其他状态变量的值，这样就实现了对多个状态变量系统的控制。

实际上，如果在不要求有高性能表现的前提下，最好是通过简化及假设，使用 2 阶或 3 阶传递函数对伺服系统建模。当要求有高性能表现时，要考虑系统的许多因素，如电感及传动机构的柔性等，这些考虑因素使得系统建模非常复杂。因此当传递函数较为复杂时，推荐使用状态变量控制理论。

本章中将从传递函数的角度对状态变量进行描述，然而在之后的章节中，我们将了解到，系统每一部分的控制方程都能写出来时，状态变量在最初的时候就可以进行定义，不必得到完整的传递函数。

状态变量的选择不唯一，且可以定义不同形式的状态变量。对高阶系统建模时，必须做一些变形使得状态变量在反馈回路中是可测的。此外，必须尽可能减少那些不可测，以及不得不通过观测器进行预测的状态变量。

3.2 状态变量

正如 3.1 节中提到，状态变量不唯一，可以通过多种形式定义，在接下来的章节中将讨论这一问题。定义状态变量最好是在最初始的阶段进行，即得出控制系统各部分控制微分方程的时候。

一种方式为通过传递函数来定义状态变量，状态变量的个数必须等于传递函数的阶数。一些书中用变量上加一点，即 $(\dot{x})$ 来表示变量关于时间的微分。为了表达形式上统一，本书中所有变量关于时间的微分都以 $\mathrm{d}/\mathrm{d}t$ 的标准形式表示。

不失一般性，考虑如下一个简单的三阶传递函数，其分子为一个常数

$$\frac{Y(s)}{U(s)} = \frac{K}{0.5s^3 + 1.5s^2 + s + K} \tag{3-1}$$

这个传递函数在之前的章节中讨论过，等式（3-1）的传递函数可以写成如下微分形式

$$0.5\frac{\mathrm{d}^3}{\mathrm{d}t^3}y + 1.5\frac{\mathrm{d}^2}{\mathrm{d}t^2}y + \frac{\mathrm{d}}{\mathrm{d}t}y + Ky = Ku \tag{3-2}$$

对于上述微分方程，定义三个状态变量如下

$$x_1 = y$$
$$x_2 = \frac{\mathrm{d}}{\mathrm{d}t}y \tag{3-3}$$
$$x_3 = \frac{\mathrm{d}}{\mathrm{d}t}x_2$$

三个一阶微分方程构成的方程组可以写作

$$\frac{\mathrm{d}}{\mathrm{d}t}x_1 = x_2$$
$$\frac{\mathrm{d}}{\mathrm{d}t}x_2 = x_3 \tag{3-4}$$
$$\frac{\mathrm{d}}{\mathrm{d}t}x_3 = -3x_3 - 2x_2 - 2Kx_1 + 2Ku$$

可以看出，通过定义三个状态变量，传递函数被转换成三个一阶微分方程的形式，因此现在可以通过多种方法求解上述一阶微分方程组。以上过程适用于任意阶数的传递函数。保证状态变量的个数等于传递函数的阶数。上述方程组可以写作矩阵形式

$$\begin{cases} \frac{\mathrm{d}}{\mathrm{d}t}\begin{bmatrix} x_1 \\ x_2 \\ x_3 \end{bmatrix} = \begin{bmatrix} 0 & 1 & 0 \\ 0 & 0 & 1 \\ -2K & -2 & -3 \end{bmatrix}\begin{bmatrix} x_1 \\ x_2 \\ x_3 \end{bmatrix} + \begin{bmatrix} 0 \\ 0 \\ 2K \end{bmatrix}u \\ \\ y = \begin{bmatrix} 1 & 0 & 0 \end{bmatrix}\begin{bmatrix} x_1 \\ x_2 \\ x_3 \end{bmatrix} \end{cases} \tag{3-5}$$

上述传递函数中，有一个输入变量 u 和一个输出变量 y。矩阵方程（3-5）可以写成如下更为一般的形式

$$\begin{cases} \frac{\mathrm{d}}{\mathrm{d}t}\boldsymbol{x} = \boldsymbol{A}\boldsymbol{x} + \boldsymbol{B}\boldsymbol{u} \\ \boldsymbol{y} = \boldsymbol{C}\boldsymbol{x} \end{cases} \tag{3-6}$$

上述方程中，x 是包含 n 个状态变量的 $n \times 1$ 维向量，$n \times n$ 维的矩阵 A 称作系统矩阵，$n \times m$ 维的矩阵 B 称作输入矩阵，其中 m 是输入变量的个数，u 是 $m \times 1$ 维输入向量。上述例子中，仅有一个输入变量。而在伺服控制系统中，通常有两个输入变量，一个是控制信号，另一个是作用在系统上的外部转矩。第二个方程是输出方程，其中 y 是 $l \times 1$ 维的输出变量，C 是 $l \times n$ 维的输出矩阵，在伺服控制系统中，通常只有一个位置输出变量。

如果传递函数的分子是 s 的多项式，则从传递函数到状态方程的转化变得更为复杂。不失一般性，这里使用一个例子解释这一过程。考虑如下传递函数

$$\frac{Y(s)}{U(s)} = \frac{5s^2 + 2s + 2}{s^3 + 6s^2 + 9s + 3} \tag{3-7}$$

对于真实系统，通常其分子阶数小于分母阶数。首先，考虑包含在分母中的如下传递函数部分

$$\frac{W(s)}{U(s)} = \frac{1}{s^3 + 6s^2 + 9s + 3} \tag{3-8}$$

传递函数（3-8）与前例相似，我们可以定义如下三个状态变量

$$x_1 = w$$
$$x_2 = \frac{\mathrm{d}}{\mathrm{d}t} w \tag{3-9}$$
$$x_3 = \frac{\mathrm{d}}{\mathrm{d}t} x_2$$

状态方程写作

$$\frac{\mathrm{d}}{\mathrm{d}t} \begin{bmatrix} x_1 \\ x_2 \\ x_3 \end{bmatrix} = \begin{bmatrix} 0 & 1 & 0 \\ 0 & 0 & 1 \\ -3 & -9 & -6 \end{bmatrix} \begin{bmatrix} x_1 \\ x_2 \\ x_3 \end{bmatrix} + \begin{bmatrix} 0 \\ 0 \\ 1 \end{bmatrix} u \tag{3-10}$$

则得到系统输出为

$$y = (5s^2 + 2s + 2)x$$

因此有

$$y = \begin{bmatrix} 2 & 2 & 5 \end{bmatrix} \begin{bmatrix} x_1 \\ x_2 \\ x_3 \end{bmatrix}$$

此时我们可以看出，输出与所有的状态变量有关。虽然上述形式的方程源自传递函数，然而在后续的章节中将指出，状态变量也可以通过各部分的控制微分方程来定义。

上述例子中，系统矩阵 A、输入向量 B 及输出向量 C 如下

$$A = \begin{bmatrix} 0 & 1 & 0 \\ 0 & 0 & 1 \\ -3 & -9 & -6 \end{bmatrix} \quad B = \begin{bmatrix} 0 \\ 0 \\ 1 \end{bmatrix} \quad C = \begin{bmatrix} 2 & 2 & 5 \end{bmatrix}$$

定义系统矩阵 A、输入矩阵 B、输出矩阵 C 之后，就可以完整地研究系统的动态响应了。虽然在伺服控制系统中非常少见，但是在一些应用中，系统输出向量 y 直接与输入

向量 $\boldsymbol{u}$ 有关。上述例子中，就需要在输出方程中额外添加一项。

3.3　特征值、特征向量与特征方程

n 个一阶微分方程形式的状态变量方程，也可以像常规微分方程一样求解。因为状态方程被写作矩阵形式，所以必须考虑一些额外的条件。像常规的微分方程，可以假设其存在瞬态与稳态两个解。为了得到瞬态的解，将输入向量设为 $\mathbf{0}$，状态方程变为

$$\frac{\mathrm{d}}{\mathrm{d}t}\boldsymbol{x} = \boldsymbol{A}\boldsymbol{x} \tag{3-11}$$

不失一般性考虑，假设系统有三个状态变量，假设解的形式如下

$$\boldsymbol{x} = \begin{bmatrix} x_1 \\ x_2 \\ x_3 \end{bmatrix} \mathrm{e}^{st} \tag{3-12}$$

在方程（3-12）中可以清楚地看出，x_1，x_2，x_3 的值表示各状态变量的增益值，应与状态变量区分。方程（3-12）中的第二项决定了系统是否稳定，是否为过阻尼或欠阻尼。将方程（3-12）代入方程（3-11）中，整理得到

$$s \begin{bmatrix} x_1 \\ x_2 \\ x_3 \end{bmatrix} \mathrm{e}^{st} = \boldsymbol{A} \begin{bmatrix} x_1 \\ x_2 \\ x_3 \end{bmatrix} \mathrm{e}^{st} \tag{3-13}$$

在方程（3-13）中，$\boldsymbol{A}$ 是一个 $n \times n$ 维的矩阵，本例中为 3×3。化简上述方程得到

$$(\boldsymbol{A} - s\boldsymbol{I}) \begin{bmatrix} x_1 \\ x_2 \\ x_3 \end{bmatrix} = 0 \tag{3-14}$$

$\boldsymbol{I}$ 是对角线元素全为 1，其余部分全为 0 的单位矩阵。显然，方程（3-14）是一个求解矩阵特征值的问题。特征值是特征方程的根，求解过程将针对上述例子。矩阵 $(\boldsymbol{A} - s\boldsymbol{I})$ 称作动态矩阵，每个特征值对应的特征向量在给出振荡模型时都有很多含义，但是在控制领域中，计算输出时，其具有唯一的含义。若使用数值积分的方法，就没有必要去详细讨论其他方法了。

方程（3-14）中，如果动态矩阵的行列式为 0，则方程有非平凡解。考虑上述举的第一个例子，得到

$$\begin{bmatrix} 0 & 1 & 0 \\ 0 & 0 & 1 \\ -2K & -2 & -3 \end{bmatrix} - \begin{bmatrix} s & 0 & 0 \\ 0 & s & 0 \\ 0 & 0 & s \end{bmatrix} = \begin{bmatrix} -s & 1 & 0 \\ 0 & -s & 1 \\ -2K & -2 & -3-s \end{bmatrix} \tag{3-15}$$

矩阵的行列式为

$$-s\left[-s(-3-s) - 2 \right] - 2K = 0$$

展开得到

$$s^3 + 3s^2 + 2s + 2K = 0 \qquad (3-16)$$

可以看出动态矩阵的行列式与特征方程相同。使用 MathCAD 等软件可以得到动态矩阵的特征值,而无须计算特征方程。MathCAD 可以得到符号形式的特征方程,使用语句 polyroots(v) 可以计算不同参数下的根。

保证系统稳定时,输出变量的稳态值就可以通过将所有导数置 0 然后解如下的 n 个线性方程得到

$$0 = \boldsymbol{A}\boldsymbol{x} + \boldsymbol{B}\boldsymbol{u}$$
$$\boldsymbol{x} = -\boldsymbol{A}^{-1}\boldsymbol{B}\boldsymbol{u} \qquad (3-17)$$
$$\boldsymbol{y} = \boldsymbol{C}\boldsymbol{x}$$

下面举例证明上述方程。考虑上一节的第一个例子,矩阵方程(3-17)写作

$$K = 2$$
$$u = 1$$
$$\begin{bmatrix} x_1 \\ x_2 \\ x_3 \end{bmatrix} = -\begin{bmatrix} 0 & 1 & 0 \\ 0 & 0 & 1 \\ -2K & -2 & -3 \end{bmatrix}^{-1} \begin{bmatrix} 0 \\ 0 \\ 2K \end{bmatrix} u$$

$$y = \begin{bmatrix} 1 & 0 & 0 \end{bmatrix} \begin{bmatrix} x_1 \\ x_2 \\ x_3 \end{bmatrix}$$

$$y = 1$$

可以知道,当 $K = 2$,输入 $u = 1$ 时,输出也为 1,这说明稳态误差为零。对于阶跃输入以外的系统输入,最好求解其微分方程,其中一种方式为解微分方程的数值解。此时,定义

$$\frac{\mathrm{d}}{\mathrm{d}t}\boldsymbol{x} = \frac{\boldsymbol{x}_{t+T} - \boldsymbol{x}_t}{T}$$

$$\boldsymbol{x}_{t+T} = T\frac{\mathrm{d}}{\mathrm{d}t}\boldsymbol{x} + \boldsymbol{x}_t$$

上述方程中,T 为时间间隔,t 为时间。这一求解过程可以从 $t = 0$ 开始,通过需要的时间间隔迭代计算以得到方程的解。上述方程中,x 可以视为状态变量向量。将方程(3-6)中的 dx/dt 代入上述方程中解出状态变量。

$$\boldsymbol{x}_{t+T} = T(\boldsymbol{A}\boldsymbol{x}_t + \boldsymbol{B}\boldsymbol{u}) + \boldsymbol{x}_t \qquad (3-18)$$

在方程(3-18)中,A 是系统矩阵,B 是输入矩阵。时间间隔 T 必须足够小以避免数字采样后不稳定,必须选取足够大的时间跨度 t 让系统响应完整。时间间隔 T 与时间跨度 t 可以参考特征值进行选择。输入变量可能是一个单一变量,如果有不止一个输入变量存在,则输入可写作一个向量 u。

矩阵 A 的特征值可以使用如 MathCAD 之类的软件计算得到。使用这种方法,计算第一例中 $K = 2$ 时的特征值

$$\boldsymbol{A} = \begin{bmatrix} 0 & 1 & 0 \\ 0 & 0 & 1 \\ -4 & -2 & -3 \end{bmatrix}$$

$$\boldsymbol{w} = \text{eigenvals}(\boldsymbol{A})$$

$$\boldsymbol{w} = \begin{bmatrix} -0.102 + 1.192i \\ -0.102 + 1.192i \\ -2.796 \end{bmatrix}$$

w 是 $K = 2$ 时 $\boldsymbol{A}$ 的特征值。可以看出特征值与特征方程的根相同。得到每一个特征值对应的特征向量如下

$$\boldsymbol{v} = \text{eigenvals}(\boldsymbol{A}, -0.102 + 1.192i)$$

$$\boldsymbol{v} = \begin{bmatrix} -0.228 - 0.414i \\ 0.516 - 0.23i \\ 0.221 + 0.639i \end{bmatrix}$$

如前文所讨论的，每一个特征值都有相对应的特征向量。如下所示，对于所有的特征值，这个过程可以被重复迭代。

$$\boldsymbol{v} = \text{eigenvals}(\boldsymbol{A}, -0.102 + 1.192i)$$

$$\boldsymbol{v} = \begin{bmatrix} -0.228 - 0.414i \\ 0.516 - 0.23i \\ 0.221 + 0.639i \end{bmatrix}$$

$$\boldsymbol{v} = \text{eigenvals}(\boldsymbol{A}, -2.796)$$

$$\boldsymbol{v} = \begin{bmatrix} -0.12 \\ 0.334 \\ -0.935 \end{bmatrix}$$

对于复数共轭的特征值，同样有两个共轭的特征向量。对于实根的特征值，则有实数特征向量。特征向量将用于判断控制系统的能控性与能观性。

3.4 状态变量反馈控制理论

在之前的章节中讨论过，控制系统可能有一个或多个输出。输出被反馈回控制器，这样就可以将多种控制策略应用于控制系统中。超过三阶的高阶传递函数的复杂系统中存在一个问题，不能在 s 平面内控制特征方程根的位置，必须在稳态误差与瞬态响应之间做出妥协。

在状态变量形式的系统中，如果所有的状态变量可测，则可以使用状态变量反馈控制理论，但前提条件是系统必须是可控的，能控性的条件将在之后讨论。如果在直接反馈中不能测量状态变量，则需使用观测器来预测状态变量。其思想为，如果系统的模型与输入

已知，通过测量一个或几个状态变量可以预测出全部的状态变量。

考虑如下状态方程

$$\frac{\mathrm{d}}{\mathrm{d}t}x = Ax + Bu$$

上述方程中，假设只有一个输入变量。实际上对于超过一个输入的可控系统来说，步骤是一样的。可以看出，通过一个单输入，可以控制所有特征方程根的位置。控制策略为：在代表控制信号输入 u_i 处加一个求和点，且所有的状态变量都通过恰当的增益用于负反馈通道。状态方程变为

$$\begin{cases} \dfrac{\mathrm{d}}{\mathrm{d}t}x = Ax + BKx + Bu_i \\ \dfrac{\mathrm{d}}{\mathrm{d}t}x = (A + BK)x + Bu_i \end{cases} \tag{3-19}$$

在方程（3-19）中，A 是系统矩阵；B 为输入向量，为 $n \times 1$ 维的列向量；K 是 $1 \times n$ 维的增益向量；x 是状态变量。在方程（3-19）中，能够选择增益使特征方程的根在 s 平面内移动到期望的位置。为得到上述结果，首先需要假设 $u_i = 0$，同时将研究之前讨论过的特征值的问题。不失一般性地考虑如下三阶传递函数。假设

$$\frac{y}{u} = \frac{1}{s^3 + s^2 + 3s + 1}$$

定义状态变量为

$$x_1 = y$$

$$x_2 = \frac{\mathrm{d}}{\mathrm{d}t}x_1$$

$$x_3 = \frac{\mathrm{d}}{\mathrm{d}t}x_2$$

应注意到，如果假设初始条件为零，算子 s 与微分可以交换使用。

通过运算与整理，状态方程写作

$$\frac{\mathrm{d}}{\mathrm{d}t}\begin{bmatrix} x_1 \\ x_2 \\ x_3 \end{bmatrix} = \begin{bmatrix} 0 & 1 & 0 \\ 0 & 0 & 1 \\ -1 & -3 & -2 \end{bmatrix}\begin{bmatrix} x_1 \\ x_2 \\ x_3 \end{bmatrix} + \begin{bmatrix} 0 \\ 0 \\ 1 \end{bmatrix}u$$

$$y = \begin{bmatrix} 1 & 0 & 0 \end{bmatrix}\begin{bmatrix} x_1 \\ x_2 \\ x_3 \end{bmatrix}$$

现在的目标是选择一个增益向量，将所有状态变量反馈回输入的求和点。这与开环状态方程的特征值（即特征方程的根）有关。使用 MahCAD 软件得到以下结果

$$S = \mathrm{eigenvals}(A)$$

$$S = \begin{bmatrix} -0.43 \\ -0.785 + 1.307\mathrm{i} \\ -0.785 - 1.307\mathrm{i} \end{bmatrix}$$

可以看出开环系统是稳定的，但是复数根是欠阻尼的，必须选择增益向量将所有的根在 s 平面移动到期望的位置。为此，需要考虑实际的限制，如饱和、功放的限制以及系统的非线性。必须假定若干特征值实际可到达的位置，这可以通过经验试错法来实现。反馈策略如下

$$u = \begin{bmatrix} k_1 & k_2 & k_3 \end{bmatrix} \begin{bmatrix} x_1 \\ x_2 \\ x_3 \end{bmatrix}$$

将上述反馈代入原系统，假设 $u_i = 0$，得到

$$\frac{\mathrm{d}}{\mathrm{d}t} \begin{bmatrix} x_1 \\ x_2 \\ x_3 \end{bmatrix} = \begin{bmatrix} 0 & 1 & 0 \\ 0 & 0 & 1 \\ -1 & -3 & -2 \end{bmatrix} \begin{bmatrix} x_1 \\ x_2 \\ x_3 \end{bmatrix} + \begin{bmatrix} 0 \\ 0 \\ 1 \end{bmatrix} \begin{bmatrix} k_1 & k_2 & k_3 \end{bmatrix} \begin{bmatrix} x_1 \\ x_2 \\ x_3 \end{bmatrix} \qquad (3-20)$$

其中系统矩阵为

$$\begin{bmatrix} 0 & 1 & 0 \\ 0 & 0 & 1 \\ -1+K_1 & -3+K_2 & -2+K_3 \end{bmatrix} \qquad (3-21)$$

假设要求特征值必须分别从原本欠阻尼的情况变成过阻尼的值 -2，-3，-4，因此需要的特征方程为

$$(s+2)(s+3)(s+4) = s^3 + 9s^2 + 26s + 24 \qquad (3-22)$$

从构造状态变量反馈系统的动态方程得到

$$\begin{bmatrix} -s & 1 & 0 \\ 0 & -s & 1 \\ -1+K_1 & -3+K_2 & -2+K_3-s \end{bmatrix} \qquad (3-23)$$

将矩阵（3-23）行列式展开得到

$$(-s) \cdot (-s) \cdot (-2+K_3-s) - 1 + K_1 + s(-3+K_2)$$
$$= s^3 + (-2+K_3)s^2 + (-3+K_2)s + K_1 - 1$$

令上式等于零得到特征方程，将上述方程中 s 各项系数与方程（3-22）对应项系数相等得到

$$2 - K_3 = 9 \qquad K_3 = -7$$
$$3 - K_2 = 26 \qquad K_2 = -23$$
$$1 - K_1 = 24 \qquad K_1 = -23$$

因此，使用上述方法可以计算出增益。增益为负表明类似于反馈控制理论，状态变量将从输入信号中被减去。虽然讨论的是三阶传递函数的控制策略，但这个方法同样可以应用于更复杂的系统。再次计算带有状态变量反馈控制系统的系统矩阵的特征值，以验证增益是正确的。

$$\boldsymbol{A} = \begin{bmatrix} 0 & 1 & 0 \\ 0 & 0 & 1 \\ -24 & -26 & -9 \end{bmatrix}$$

$$\boldsymbol{v} = \text{eigenvals}(\boldsymbol{A})$$

$$\boldsymbol{v} = \begin{bmatrix} -2 \\ -3 \\ -4 \end{bmatrix}$$

上述分析表明实际的特征值已经移动到 s 平面上期望的位置了。

上述提到的控制策略以方框图的形式展示在图 3-1 中。

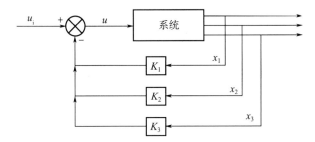

图 3-1　状态变量反馈控制策略的方框图形式

使用状态变量反馈控制系统时，研究系统的稳态性能很重要。对于稳定系统，微分部分设为零，解得线性方程为

$$\begin{bmatrix} 0 \\ 0 \\ 0 \end{bmatrix} = \begin{bmatrix} 0 & 1 & 0 \\ 0 & 0 & 1 \\ -24 & -26 & -9 \end{bmatrix} \begin{bmatrix} x_1 \\ x_2 \\ x_3 \end{bmatrix} + \begin{bmatrix} 0 \\ 0 \\ 1 \end{bmatrix} u_i$$

对于单位输入

$$\boldsymbol{x} = \begin{bmatrix} 0 & 1 & 0 \\ 0 & 0 & 1 \\ -24 & -26 & -9 \end{bmatrix}^{-1} \begin{bmatrix} 0 \\ 0 \\ 1 \end{bmatrix}$$

$$\boldsymbol{x} = \begin{bmatrix} 0.042 \\ 0 \\ 0 \end{bmatrix}$$

$$y = 0.042$$

可以看出系统存在较大的稳态误差。为了解决这一问题，必须使用积分环节将根移动到尽可能远离虚轴的位置。当积分环节添加到传递函数中时，特征方程的阶数加 1，这意味着将会有 4 个状态变量，系统也会变得更加复杂。鼓励读者研究上述传递函数中带有积分项的系统。

3.5　动态观测器

在状态变量控制理论中，假定所有的状态变量在直接反馈中都是可测的。如果不是所有的状态变量都可测或实际存在，则必须使用状态观测器。动态观测器是一个通过已知的系统数学模型与输入变量来计算状态变量估计值的计算机程序。原则上，如果数学模型和输入变量已知，则能够求解状态方程得到状态变量。因此，对于系统矩阵为 A，输入矩阵为 B，输入变量为 u 的状态方程，观测器方程为

$$\frac{\mathrm{d}}{\mathrm{d}t}\hat{x} = A\hat{x} + Bu$$

上述方程中向量 $\hat{x}$ 表示状态变量的估计值，其他参数都为常规含义。上述方程可以通过上节中阐述过的假定 x 初始值已知的方法来得到数值解。实际上，初始状态可能是未知的，因此必须添加条件函数确保估计值收敛到系统的状态变量。首先，需要研究误差的收敛性。定义误差为状态变量与观测器状态变量的偏差

$$x_e = x - \hat{x}$$

其中，x_e 为误差。

从状态方程中消去观测器状态方程并经过运算整理得到

$$\frac{\mathrm{d}}{\mathrm{d}t}x_e = Ax_e \qquad\qquad (3-24)$$

方程（3-24）表明，对于固定的 A，当初始条件如下时，误差为零。

$$x_e(0) = x(0) - \hat{x}(0)$$

上述方程唯一的问题在于，系统矩阵 A 的响应速度对于系统与观测器是相同的，因此被观测的变量与系统不匹配，必须对观测器添加约束以确保被观测的变量为状态变量。可以通过如下方法得到

$$\frac{\mathrm{d}}{\mathrm{d}t}\hat{x} = A\hat{x} + Bu + L(y - C\hat{x}) \qquad\qquad (3-25)$$

在方程（3-25）中，L 为常数矩阵，对于单输出 y，L 为一个向量。当输出与观测的输出不同时，方程右侧引入了一个扰动项。C 是输出矩阵，同样对于单输出来说是一个向量。稍加变形重写方程（3-25）得到

$$\frac{\mathrm{d}}{\mathrm{d}t}\hat{x} = (A - LC)\hat{x} + Bu + Ly \qquad\qquad (3-26)$$

在方程（3-26）中，矩阵 $A-LC$ 为新的观测器动态矩阵，且必须选择 L 的值使得观测器动态响应快于系统。这意味着必须选择观测器的特征值使得它们位于系统特征值的左侧，设计过程与选择增益向量 K 的过程完全一样。

对于噪声较大的输出来说，可以使用著名的卡尔曼滤波器或其他估计方法，但这不在本书的讨论范围内。

实际的观测器是一个用来计算出观测器方程数值解的软件，这与方程（3-18）中讨

论的一致。

上述讨论都围绕全阶观测器展开，所有的状态变量都可以被估计。然而在一些情况中，可能只能观测一部分状态变量，这时会用到降阶观测器。对于观测器设计感兴趣的读者，建议参考更多高级教程。对于伺服控制系统来说，通过巧妙地选择状态变量，可以使得状态变量都可以从系统中直接观测。此外，当传感器的噪声较明显时，应特别注意避免使用观测器。

3.6　能控性与能观性

在使用状态变量反馈控制或是基于状态变量反馈的观测器之前，必须确定系统是能控能观的。确定系统的能控性与能观性有很多种方法，本章中使用模态分析，是因为对比于其他方法，它更适用于标准的软件。建议感兴趣的读者参考关于这部分的高级教程。

如果已经使用了基于控制策略的观测器，也必须考察能控性与能观性。因为能观的系统不一定能控，反之，能控的系统不一定能观。

如果应用状态变量反馈控制策略，则只需要研究能控性。首先，考虑单输入单输出状态方程

$$\begin{cases} \dfrac{\mathrm{d}}{\mathrm{d}t}x = Ax + Bu \\ y = Cx \end{cases} \tag{3-27}$$

x 是 n 个状态变量的向量，A 是系统矩阵，B 是输入向量，如果是多输入系统，则 B 为矩阵。C 是输出向量，同样对应多输出系统为矩阵。

考虑如下状态变量的变形形式

$$x = Uz \tag{3-28}$$

U 是 A 的特征向量矩阵，z 是变形后的状态变量。将方程（3-28）代入方程（3-27），得到

$$\begin{cases} U\dfrac{\mathrm{d}}{\mathrm{d}t}z = AUz + Bu \\ y = CUz \end{cases} \tag{3-29}$$

对系统方程左乘 U^{-1} 得到

$$\begin{aligned} \dfrac{\mathrm{d}}{\mathrm{d}t}z &= U^{-1}AUz + U^{-1}Bu \\ y &= CUz \end{aligned} \tag{3-30}$$

可以看出矩阵 $U^{-1}AU$ 是一个对角阵，对角线元素为矩阵 A 的特征值 λ_i。关于其证明过程，推荐读者参考高级教程。考虑到这一点，方程（3-30）变为

$$\begin{aligned} \dfrac{\mathrm{d}}{\mathrm{d}t}z &= \lambda + U^{-1}Bu \\ y &= CUz \end{aligned} \tag{3-31}$$

在方程（3-31）中，λ 为对角线元素是系统特征值的对角阵，现在讨论能控性与能观性。对于单一输入，系统方程为有简单解的 n 个非耦合的一阶微分方程。输入 u 可以用来改变特征值 λ_i。如果所有的特征值都可以被输入 u 影响，则系统是可控的。矩阵 $U^{-1}B$ 对于单输入来说是一个向量，就能控性而言，其所有的值应为非零数，即输入 u 可以影响所有的特征值。如果 u 是一个向量，则 $U^{-1}B$ 是一个 $n \times m$ 阶的矩阵。如果 $U^{-1}B$ 不包含全零元素行，则系统可控。对于单输入变量来说，大多数物理系统是可控的，即使是多输入控制系统，同样可控。

如果行向量 CU 没有零元素，则系统是能观的。对于多输入控制系统，矩阵 CU 必不能含有整列为零的列向量。这表明，输入与所有的状态变量 z 有关。

3.7　小结

本章介绍了将传递函数转化为一组一阶微分方程的状态变量，可以看出系统方程有与特征方程根相同的特征值。若使用计算机软件，如 MathCAD，可以很容易地计算出特征值和特征向量。特征向量用于将系统方程转化成一组非耦合的一阶微分方程。通过构建方程讨论了能控性与能观性的概念。其他方法不在本书讨论范围内，建议感兴趣的读者参考高级教程。

本章还讨论了状态变量反馈控制理论并得知，通过合理地选择增益向量，特征值可以移动到 s 平面内期望的位置。采用状态变量反馈控制时必须考虑饱和与非线性等实际的限制。对于不可测的状态变量，可以使用状态观测器。为了使得控制有效，观测器响应必须快于系统方程。噪声的存在总是会引起观测器的各种问题，在大多数实际情况下，伺服控制系统中必须避免使用这种控制策略。如之后将讨论的，通过巧妙地选择状态变量，可以通过设计使得所有状态变量都可以从直接反馈中测量。

第 4 章 直流伺服电机

4.1 直流伺服电机分类

在第 2 章中讨论过，直流伺服电机有很多种，电机马力（功率单位）从零点几到上百大小不等。直流电机有两相独立绕组，一相是定子绕组，另一相是电枢绕组。根据不同的设计，绕组可以是串联、并联或者是单独励磁形式。在伺服电机应用中，通常设计为定子绕组可以单独励磁，电枢绕组供电通过电刷连接。电枢转子上的多组绕组可以保证得到平滑的输出转矩。定子上绕组具有低功率特性，通常用来产生恒定磁场。电枢绕组通电时，绕组上会流过很大的电流，即一个很大的初始电流，这时会产生一个大的电动推力，从而产生一个加速电枢的转矩。因为初始电流很大，所以必须在功率模块中设计一个限流器。随着电枢转子的加速，会产生一个反电动势来减小电流。所有的直流伺服电机工作过程都类似。

一些伺服电机使用永磁体代替励磁绕组。有陶瓷型与稀土型两类永磁体。稀土永磁体可以产生几乎十倍的磁场，应用于要求大的功率质量比的条件下。直流电机的主要问题在于电刷需要经常进行周期性的检查以确保正常工作。

为了解决电刷带来的问题，随着电力电子技术的发展，将有刷电机改为无刷电机，且电枢转子使用永磁体来制作，供电绕组移到了定子上，通过电子电路对定子供电。这样的结构可以得到较大的功率密度。

市场上可用伺服电机的分类如图 4－1 所示。有一些小型电机如杯型电枢直流伺服电机，它们适用于不要求大功率的应用场合，它们的转子惯性被设计得较小以获得快速响应。这些电机仍处于设计阶段且都是尺寸非常小的电机，本书中暂不讨论。

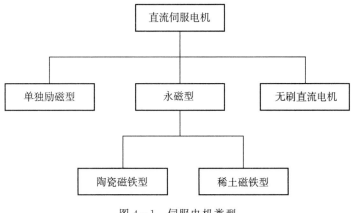

图 4－1　伺服电机类型

4.2　功率模块分类

　　近些年功率电子技术的发展使得应用低功率的控制信号来控制大电流成为可能。可控硅整流器就是可用的器件之一。可控硅工作原理类似于带有外部触发门的晶体三极管。当一个低功率控制信号接通门极时，将会流过大电流，当控制信号移除时，导通截止，电流为零。通过这种方法可以控制大型直流伺服电机。对于小型的电机来说，可以使用三极管控制其转子电流。图 4-2 所示为一个简单的晶闸管单独控制励磁直流伺服电机的基本工作原理。

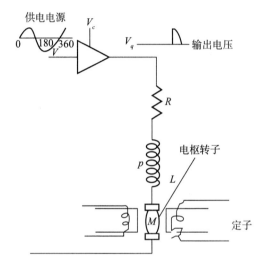

图 4-2　单相半波整流晶闸管控制直流电机的基本工作原理

　　供电端连接到晶闸管的输入端，导通周期取决于控制信号 V_c（考虑输入正弦波的位置）何时激励。通过这种方式，信号波只有一部分可以通过晶闸管。由于转子的惯量，电机只响应输出电压的平均值。图 4-2 中，R 和 L 分别为电枢电阻与电感。输出电压通过电刷连接到转子上，经整流成为脉冲序列。对于半波整流来说，输出频率为 50 Hz，使用全波整流时，输出电压频率为 100 Hz。单相、两相、三相半波或全波整流产生的输出电压频率分别为 100 Hz、200 Hz、300 Hz。当然，输出电压频率越高，电机工作越平滑。转子的速度波动会在传感器中产生噪声。必须使用设计精准的速度、位置、电流传感器，图 4-3 所示为直流伺服电机使用的不同类型的功率模块。

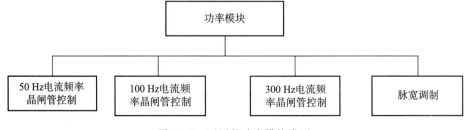

图 4-3　可用的功率模块类型

在脉宽调制（PWM）功率模块中，供电电源首先经过全波整流。电机输出电压的直流导通，对小型电机来说是通过三极管控制的，对于大型电机来说是通过晶闸管控制的。输出电压为可控占空比下的一系列脉冲，如图 4-4 所示。通过这种方法，可以得到高频输出电压，典型频率高达 2 kHz，这一频率通常应用于高性能要求的电机。在 PWM 功率模块中，三极管应用于小型电机，晶闸管应用于大型电机，以控制电机的电压。使用晶闸管时，必须使用强制电路来关闭晶闸管的导通，因为一旦触发，晶闸管将持续导通直到电流变零。

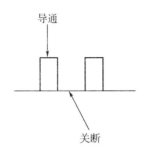

图 4-4　脉宽调制功率模块输出电压

4.3　直流伺服电机的转速-转矩特性

直流电机的一个重要特性就是其转速-转矩特性。理想情况下，给电机加以电压，会产生一个恒定转矩来加速电机转子，当转子达到要求的转速时，转矩需等于零，如图 4-5 所示。

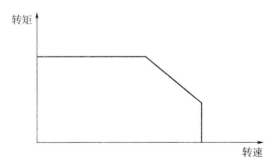

图 4-5　直流伺服电机理想转速-转矩特性

不计电感时，电压方程为

$$V = RI + C_m \omega_m$$

转矩与电流呈如下比例关系

$$T = K_t I$$

K_t 的值为电机转矩常数，由生产厂家来确定。初始状态下给定电压，转速为零，较大的电流流过转子产生一个加速转子的转矩。随着转速逐渐增大，电流/转矩减小，直到

达到一个稳定的转速。初始的大电流几乎是其额定值的十倍。图 4 - 6 所示为不同转速下
的转矩。

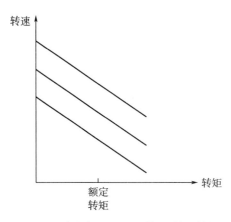

图 4 - 6　直流伺服电机的转速-转矩特性

4.4　直流伺服电机的开环与闭环转速控制

首先研究转速控制，忽略电感情况下，直流电机电压方程可以写作

$$V = RI + C_m\omega_m$$

电机产生的转矩与电流成正比

$$T = K_t I$$

其中，K_t 为电机厂家给出的转矩常数。转矩增加电机的惯性，假定存在一个粘性[①]摩擦，
转矩方程为

$$T = Js\omega_m + C\omega_m$$

通过运算整理消去上述方程中的 T 和 I，转速与输入电压的关系为

$$\omega_m = \frac{A}{T_s + 1} \cdot V$$

其中

$$A = \frac{K_t}{RC + C_m K_t}$$

$$T = \frac{J}{C + C_m \dfrac{K_t}{R}}$$

可以看出电机的动态特性为一个一阶传递函数（见图 4 - 7）。这类传递函数在之前的
章节中已经讨论过了。电机的惯性增加时，时间常数会增大。鼓励读者计算验证得到的传
递函数是否正确。外加转矩时，转速依照电机的转速-转矩特性下降，其动态响应遵循上
文给出的传递函数。当需要恒定转速时，必须额外使用转速反馈。如果应用可以接受一定

---

① 本书中使用领域内常用的"粘性"，也有写作"黏性"。——编者注

的稳态误差，则可以使用比例控制。对于要求稳态误差为零的应用，则必须额外使用积分环节。

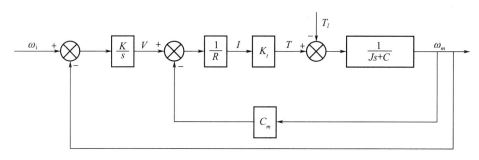

图 4 - 7　直流伺服电机速度闭环控制

为了解释清楚这类应用的研究过程，以下将研究一个带积分器的转速反馈。

我们可以看出系统有一个内部转速反馈，这有助于增加系统的阻尼。传感器如直流测速计等可以用来测量转速，然后反馈回积分控制器。将要求的速度与反馈速度做比较产生一个电压，放大低压信号至大电流、电压信号的功率模块如图 4 - 7 所示。同时我们注意到，所有的反馈都必须是负反馈，这在图中没有表示出来。

我们可以看到，系统有两个输入变量与一个输出变量。所有的参数都由制造厂商给出，阻尼比 C 必须通过实验的方法测出，且如果非常小的话，可以将其假设为零。必须选择合适的积分增益使得系统在可接受的阻尼下能够达到最快的响应速度，外部转矩的影响也必须加以分析研究。

整体传递函数可以从控制微分方程或方框图中得到，也可以使用叠加原理来获得传递函数。首先，将外部转矩设为零，方框图可以化简为一个单独的方框。然后将指令信号设为零以获得输出速度与外部转矩有关的传递函数。经过运算整理，整体的传递函数为

$$\omega_m = \frac{\omega_i - \dfrac{RT_l}{K_t K}s}{\dfrac{JR}{K_t K}s^2 + \dfrac{C_m K_t + CR}{K_t K}s + 1}$$

可以看出，在稳态时设 s 为零，速度等于指令信号。当施加转矩时，影响转速的部分为零，这意味着在稳态时不考虑外部转矩的情况下，速度为恒值。控制信号与输出转速、转矩的关系以及控制信号本身都通过一个二阶特征方程来控制，这类特征方程的特性通过自然频率与阻尼比来控制。

鼓励读者通过应用叠加原理化简方框图的方法，或是直接从控制微分方程中推导上述传递函数的方法，验证其计算是否正确。通过之前章节讨论的特征方程得出自然频率与阻尼比为

$$\omega_n = \sqrt{\frac{K_t K}{JR}}$$

$$\xi = 0.5 \sqrt{\frac{K_t K}{JR}} \frac{C_m K_t + CR}{K_t K}$$

可以看出，随着 K 值增加，响应速度变快，阻尼比减小，因此设计者必须在响应速度与阻尼比之间做出妥协。

上述例子中，只使用了一个积分控制，鼓励读者研究在积分控制上附加一个比例控制器的控制效果。控制部分方框图如图 4-8 所示。

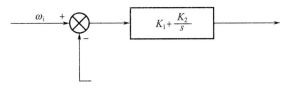

图 4-8　比例积分控制

这种情况下，可调参数有两个，可得到更好的性能。鼓励读者进行分析并求出整体的传递函数。推荐读者从厂家获取一份直流伺服电机的目录，从数值上研究上述分析过程。通过使用状态变量方法调整增益后，能够得到瞬态响应的数值，可以使用 MathCAD 等软件来帮助分析。尽管特征方程的根由两个控制参数调整，然而存在许多实际的限制，如放大器的饱和以及功率模块的限制，所以只能产生厂家设定的最大转矩。这些非线性因素可能会使得系统变得不稳定。实际上，理论分析仅能够分析系统可达到何种性能。

如果使用减速器降低电机的转速，其参考惯量应该加到电机的惯量上。如果输入转速与输出转速的比值为 N，对电机产生的惯量应该为 J_t/N^2。推荐读者自行证明。

4.5　直流伺服电机位置闭环控制

首先，考虑比例控制，将输出位置与控制信号做比较，将偏差乘上一个增益。控制部分的方程为

$$V = K(\theta_i - \theta_o) \tag{4-1}$$

不计电感，电机电压方程为

$$V = RI + C_m s\theta_o \tag{4-2}$$

方程（4-2）中的第二部分是内环转速反馈。只有在非常高的性能要求应用中才考虑电感的影响。如之前提到的，电机产生的转矩与电流成正比，写作

$$T = K_t I \tag{4-3}$$

转矩增加了电机的整体惯量，假设传动机构是刚性的，电机方程写作

$$T = Js^2\theta_o + Cs\theta_o + T_l \tag{4-4}$$

对于复杂系统来说，通常更容易从控制微分方程中推导出控制传递函数，不必画出系统的方框图。推荐读者推导所有传递函数时，将两种方法都加以应用。从方程（4-1）～（4-4）中消去变量 V，I，T，经过运算整理，得到系统的传递函数为

$$\theta_o = \frac{\theta_i - \dfrac{R}{K_t K}T_l}{\dfrac{JR}{K_t K}s^2 + \left(\dfrac{R}{K_t K}C + \dfrac{C_m}{K}\right)s + 1} \tag{4-5}$$

可以看出，上式中有两个输入变量 θ_i 和 T_l 以及一个输出变量，使用叠加原理来研究两个输入变量的影响。当外部转矩设为零且对于阶跃输入 θ_i，系统进入稳态时，拉普拉斯变换的 s 可以设为 0。这表明输出与输入完全相同，即稳态误差为零。对于斜坡输入，必须计算稳态误差，且可以看出系统存在一个跟随误差。鼓励读者通过之前章节中讨论的方法计算跟随误差。

当外部施加转矩时，系统会达到一个新的稳态，稳态误差为

$$稳态误差 = \frac{R}{KK_t}T_l \qquad (4-6)$$

输入变量与外部转矩的动态过程由常规的特征方程决定，此例中为一个二阶特征方程。这类特征方程的特性由自然频率和阻尼比决定，分别为

$$\omega_n = \sqrt{\frac{K_t K}{JR}} \qquad (4-7)$$

$$\xi = \frac{1}{2}\sqrt{\frac{K_t K}{JR}}\left(\frac{RC}{K_t K} + \frac{C_m}{K}\right) \qquad (4-8)$$

可以看出，随着增益 K 的增加，稳态误差变小，自然频率变大。这是期望得到的结果，但是从方程（4-8）中可以看出，随着 K 的增大，阻尼比会减小。因此必须在这两个矛盾的要求中做出妥协。其他所有参数由直流伺服电机厂家与系统的设计参数给出。鼓励读者从厂家获取手册来研究系统的具体数值。如果负载直接连接到电机上，则机械部分的摩擦可以设置为零，否则的话，这个值必须通过实验方法得到。

如果在比例控制外，再加一个积分环节，则特征方程变为三阶，系统可能会变得不稳定，必须对系统进行详细的分析。必须估算比例控制器与积分器的增益以保证系统在对复数根有足够的阻尼下仍能保持稳定，在这种情况下，跟随误差与外部转矩的影响都为零。

对于位置控制应用来说，必须使用位置反馈。如果电机连接到一个旋转机构上，可以使用可变的电位计或位置编码器。位置编码器可以对电机的每一个单位角度位置产生脉冲，其可以与旋转角度的小数部分一样小。如果电机通过丝杠连接到负载，则可以使用直线可变电位器。对于旋转和直线运动来说，编码器连接到电机上并通过电机的角度位置来校准。通常使用一些电子器件将指令位置与输出位置的差值转化成控制信号，从而确定电机需要的输出转矩。

使用直流伺服电机设计位置伺服控制系统时，电机必须与负载匹配，有可输出不同速度与转矩的电机供选择。对于需要直线或旋转运动来说，通常使用减速器降低电机的速度。选用电机时，必须计算施加到电机上的转矩，且保证电机能够产生这个转矩。另一个相关的参数是电机的参考惯量。大惯量的小电机响应非常慢，且稳态误差较大。须考虑多种类型的电机，选择最适用的。当然，首要原则是电机的转子惯量必须与转动惯量的额定值相同。

4.6　高性能要求的直流伺服电机

对于高性能应用来说，必须考虑电机的电感以及传动机构的柔性。图 4-9 所示为这类系统的原理框图。假设连接到电机上的齿轮箱的输入输出速度比为 N。实际上，通常是将丝杠连接到齿轮箱上，从而将旋转位移转化为直线位移。假设丝杠的刚性为 K_s，刚性由传动机构的设计参数决定，且其随着丝杠长度的变化而变化。设计控制器时必须考虑刚性最小时的最差条件。

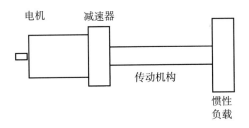

图 4-9　直流伺服电机位置控制机械部分原理图

对于位置控制来说，必须使用位置反馈。最好先在开环下推导系统的控制微分方程，然后再研究各种控制策略。直流电机的电压方程可以写作

$$V = RI + LsI + C_m s\theta_m \qquad (4-9)$$

在公式（4-9）中，R 是转子电阻，L 是转子电感。

开环时，位置控制系统不稳定，必须使用反馈。本例中将考虑使用输出中的位置反馈。

$$V = K(\theta_i - \theta_o)$$

s 是拉普拉斯算子，C_m 是反电势常数。方程（4-9）中最后一个部分是内环速度反馈，其有助于增加系统的阻尼。应该注意到，θ_m 是转子的角度位置且它与负载的角度位置不同，因为假定了传动机构是柔性的。输出转矩与电流成正比，运动方程为

$$K_t I = J_m s^2 \theta_m + Cs\theta_m + T_r \qquad (4-10)$$

上述方程的左边是转子产生的转矩。参数 J_m，C，T_r 分别是转子惯量，电机的机械阻尼以及施加到转子上的外部转矩。传输到传动机构上的转矩为

$$T_s = NT_r \qquad (4-11)$$

$$T_s = K_s\left(\frac{\theta_m}{N} - \theta_o\right) \qquad (4-12)$$

N 是减速器的速度比，T_s，θ_o，K_s 分别是施加到电机上的转矩，输出位置以及传动机构的刚性。负载的运动方程可以写作

$$T_s = J_l s^2 \theta_o + C_l s\theta_o + T_l \qquad (4-13)$$

参数 J_l，C_l，T_l 分别是负载惯量，传动机构的阻尼比以及施加到电机上的外部转矩。

上述方程都是在通用形式下描述直流伺服电机动态动作的微分方程。研究系统的动态

过程有许多种方法，并对应不同方法设计适用的控制器来达到要求的性能。其中一种方法是使用叠加原理，得出输出位置与两个输入变量（电压和外部转矩）有关的系统传递函数。通过研究比例控制，比例积分控制以及超前滞后网络控制来得到需要的精度与响应速度之间的平衡。为完成这一研究，可以使用 Nyquist 图，Bode 图或根轨迹。应该注意到，系统特征方程的阶数为 5，如果使用积分控制或超前滞后网络控制，系统的阶数将会增加。使用经典控制策略不可能将所有的根在 s 平面上移动到期望的位置。鼓励读者通过代入厂家手册中的数值来进行控制设计。应用这些数据，读者应该能够设计出多种经典控制策略。应该注意到，电机侧的速度、位置直接反馈通常由直流伺服电机厂家提供。

　　本节中，将研究状态变量反馈控制策略。不需要得到整体的传递函数，仔细研究控制微分方程，它们可以被转化成一个可以定义状态变量的形式，其中这些状态变量可以从高精度传感器中直接测量得到。消去方程（4-9）～方程（4-13）中的 T_s，T_r，控制方程可以转化为三个微分方程，分别是

$$sI = \frac{K}{L}\theta_i - \frac{K}{L}\theta_o - \frac{R}{L}I - \frac{C_m}{L}s\theta_m \tag{4-14}$$

$$s^2\theta_m = \frac{K_t}{J_m}I - \frac{C}{J_m}s\theta_m - \frac{K_s}{J_m N^2}\theta_m + \frac{K_s}{J_m N}\theta_o \tag{4-15}$$

$$s^2\theta_o = \frac{K_s}{J_l N}\theta_m - \frac{K_s}{J_l}\theta_o - \frac{C_l}{J_l}s\theta_o - \frac{T_l}{J_l} \tag{4-16}$$

　　方程（4-14）～方程（4-16）现在被转化为可以定义状态变量的形式。当前电机的位置与速度，输出位置与速度是可以通过高精度传感器直接测量的状态变量。状态变量定义如下

$$
\begin{aligned}
x_1 &= \theta_o \\
x_2 &= s\theta_o \\
x_3 &= \theta_m \\
x_4 &= s\theta_m \\
x_5 &= I
\end{aligned}
\tag{4-17}
$$

消去上述方程中的状态变量，状态方程变为

$$\frac{\mathrm{d}}{\mathrm{d}t}x = Ax + Bu \tag{4-18}$$

　　为了书写简洁，定义如式（4-19）所示的变量，系统矩阵写作式（4-20）

$$
\begin{cases}
A_1 = \dfrac{K_s}{J_l N} & A_2 = \dfrac{-K_s}{J_l} & A_3 = -\dfrac{C_l}{J_l} \\[2mm]
A_4 = \dfrac{-1}{J_l} & A_5 = \dfrac{K_t}{J_m} & A_6 = \dfrac{-C}{J_m} \\[2mm]
A_7 = \dfrac{-K_s}{J_m N^2} & A_8 = \dfrac{K_s}{J_m N} & A_9 = \dfrac{K}{L} \\[2mm]
A_{10} = \dfrac{-K}{L} & A_{11} = -\dfrac{R}{L} & A_{12} = \dfrac{-C_m}{L}
\end{cases}
\tag{4-19}
$$

$$
\boldsymbol{A} = \begin{bmatrix} 0 & 1 & 0 & 0 & 0 \\ A_2 & A_3 & A_1 & 0 & 0 \\ 0 & 0 & 0 & 1 & 0 \\ A_8 & 0 & A_7 & A_6 & A_5 \\ A_{10} & 0 & 0 & A_{12} & A_{11} \end{bmatrix} \quad \boldsymbol{B} = \begin{bmatrix} 0 & 0 \\ 0 & A_4 \\ 0 & 0 \\ 0 & 0 \\ A_9 & 0 \end{bmatrix} \quad \boldsymbol{u} = \begin{bmatrix} \theta_i \\ T_l \end{bmatrix} \qquad (4-20)
$$

提醒读者注意，方程（4-13）中 J 和 T 的下标都是 l。可以看出状态方程一共有 5 个。方程（4-16）中 C 的下标也是 l，用来表示负载侧粘性摩擦的影响，方程（4-15）中的 C 为电机侧的粘性摩擦。在设计阶段，两个粘性摩擦的系数可能是未知的。为了简化计算，可以将这两个系数设为零以考虑最差的条件。当系统设计完成之后，可以测量得出粘性摩擦，并依此进行分析加以改进，以得到更好的性能设计规范。

方程（4-17）为如第 4 章中所描述的形式。首先要研究的是开环系统方程。对此，首先将具体数值代入系统方程，系统矩阵 $\boldsymbol{A}$ 的特征值给出了特征方程的根。状态变量反馈控制策略可以通过 s 平面内的特征值的位置来研究。鼓励读者计算推导系统方程，验证其是否正确。考虑参数如下的直流伺服电机：

电阻值	0.36 Ω
电感值	0.88 mH
反电势常数	0.83 V/(rad/s)
转矩常数	0.83 N·m/A
额定转矩	17.5 N·m
最大转矩	132 N·m
最大转速	1 420 r/min
转子惯量	0.000 78 kg·m²
控制器增益	100

可以看出，短时间内可持续的最大转矩比可持续使用的额定转矩大很多。可以通过研究能量转换来证明，对于效率为 100% 的电机来说，转矩常数与反电势常数数值上相等。所研究的电机是单独励磁的，传动机构可以理想化为一个刚性为 1 000 N·m/rad 的杆，举这个例子以使用于数值分析。对于真实的应用，必须从系统设计结构来计算刚性。

假设连接到电机上减速器的输入输出速度比为 $N=10$。对于大多数位置伺服控制来说，必须使用减速器将转速减小到一个可接受的水平。直流伺服电机多种可选用的输出转矩与速度取决于电机的设计结构，可以试用不同类型的电机来选择最合适的。出于分析目的，将功率模块视作一个把低电平信号转化成大电压、电流输出的理想放大器。在本章末尾将研究各种功率模块的特性。选择电机应从匹配负载惯量与电机惯量开始，首要原则是二者相等，或是负载惯量小于电机转动惯量。计算时，必须考虑减速器的作用，减速器减小了负载惯量，比例系数为 $1/N^2$。本例中假设负载惯量为 0.078 kg·m^2，可以使用 MathCAD 软件来研究如下系统的动态性能

$$\begin{cases} K_s = 1\ 000 \\ R = 0.36 \\ L = 0.88 \times 10^{-3} \\ C_m = 0.83 \\ J_m = 7.8 \times 10^{-3} \\ J_l = 78 \times 10^{-3} \\ C_l = 0 \\ C = 0 \\ N = 10 \\ K = 100 \end{cases} \qquad (4-21)$$

使用 MathCAD 软件，通过消去矩阵方程中的数值参数及计算如下系统矩阵的特征值来计算特征值（特征方程的根）。

首先系统矩阵变为

$$\boldsymbol{A} = \begin{bmatrix} 0 & 1 & 0 & 0 & 0 \\ -1.282 \times 10^4 & 0 & 1.282 \times 10^3 & 0 & 0 \\ 0 & 0 & 0 & 1 & 0 \\ 1.282 \times 10^4 & 0 & -1.282 \times 10^3 & 0 & 106.41 \\ -1.136 \times 10^5 & 0 & 0 & -943.182 & -409.091 \end{bmatrix}$$

得到特征值为

$$\boldsymbol{v} = \mathrm{eigenvals}(\boldsymbol{A})$$

$$\boldsymbol{v} = \begin{bmatrix} -201.218 + 242.892\mathrm{i} \\ -201.218 - 242.892\mathrm{i} \\ 2.967 + 111.218\mathrm{i} \\ 2.967 - 111.218\mathrm{i} \\ -12.589 \end{bmatrix} \qquad (4-22)$$

从上式中可以看出有 5 个特征值，其中有两对共轭复数与一个实数。前两个共轭复数表明结构振荡一是由于转子与负载惯性，另一是由于转子与磁场之间的磁链。第二对复数根的实部特别小，表明有跟随振荡。实根非常小的时候，表明其响应速度很慢。如果不使用位置反馈，将会出现一个零根，表明系统存在不受约束的运动。不使用位置反馈，可以依据电机速度列写方程。复数根的实部为正表明控制增益为 100 时，系统不稳定。如果希望保持增益为 100，则要求通过状态变量反馈控制设计将 s 平面上所有的根移动到期望位置。

应该注意到，实根很小，应该增大其数值，使其移动到远离虚轴的位置。假设要求将所有的根在 s 平面上移动到如下位置，这意味着所有的复数根的阻尼比为 0.7，实根移到

-50 的位置得到的时间常数为 0.02 s.

$$-200 + 200i$$
$$-200 - 200i$$
$$-100 + 100i$$
$$-100 - 100i$$
$$-50$$

当根为上述值时，特征方程为

$$(s + 50)(s + 200 + 200i)(s + 200 - 200i)(s + 100 + 100i)(s + 100 - 100i)$$

使用 MathCAD 将其展开得到

$$650s^4 + s^5 + 2.1 \times 10^5 s^3 + 3.3 \times 10^7 s^2 + 2.8 \times 10^9 s + 8 \times 10^{10} \tag{4-23}$$

现在可以通过两种方式应用状态变量反馈控制策略。第一种方式是如第 4 章中描述的，测量所有的状态变量，并将它们作为正值反馈给输入变量 θ_i。第二种方式是在比例控制之后随即插入状态变量。因为本例中已经使用了位置反馈，所以这里使用第二种方式。考虑使用正反馈，增益的正负取决于状态方程。电压方程变为

$$K(\theta_i - \theta_o) + K_1 \theta_o + K_2 s\theta_o + K_3 \theta_m + K_4 s\theta_m + K_5 I = RI + LsI + C_m s\theta_m \tag{4-24}$$

在方程（4-24）中，K_1，K_2，…，K_5 是状态变量的增益，必须选择合适的增益值使得特征方程的根如上述定义一般移动到期望的位置。重新列写方程（4-24），使用状态空间形式来写，电压方程变为

$$sx_1 = \frac{K}{L}\theta_i - \frac{K}{L}x_1 + \frac{K_1}{L}x_1 + \frac{K_2}{L}x_2 + \frac{K_3}{L}x_3 + \frac{K_4}{L}x_4 + \frac{K_5}{L}x_5 - \frac{R}{L}x_5 - \frac{C_m}{L}x_4 \tag{4-25}$$

通过引入新的增益

$$K_{11} = K_1/L \qquad K_{22} = K_2/L \qquad K_{33} = K_3/L \qquad K_{44} = K_4/L \qquad K_{55} = K_5/L$$

闭环状态方程变为

$$\frac{\mathrm{d}}{\mathrm{d}t}x = ACx + Bu \tag{4-26}$$

其中

$$AC = \begin{bmatrix} 0 & 1 & 0 & 0 & 0 \\ -1.282 \times 10^4 & 0 & 1.282 \times 10^3 & 0 & 0 \\ 0 & 0 & 0 & 1 & 0 \\ 1.282 \times 10^4 & 0 & -1.282 \times 10^3 & 0 & 106.4 \\ -1.136 \times 10^5 + K_{11} & K_{22} & K_{33} & -943.2 + K_{44} & -409.1 + K_{55} \end{bmatrix}$$

须通过这种方式选择增益的值使得矩阵 AC 的特征值与上文给出的期望值相同。为此，计算特征方程动态矩阵的行列式

$$|AC - sI| \tag{4-27}$$

使用 MathCAD 对行列式符号展开计算得到

$$s^5 + (409.1 - K_{55})s^4 + (-106.4K_{44} + 1.14 \times 10^5)s^3$$
$$+ (-1.41 \times 10^4 K_{55} + 5.77 \times 10^6 - 106.4 K_{33})s^2 \tag{4-28}$$
$$+ (-1.36 \times 10^5 K_{22} - 1.36 \times 10^6 K_{44} + 1.29 \times 10^9)s$$
$$+ (-1.36 \times 10^6 K_{33} - 1.36 \times 10^5 K_{11} + 1.55 \times 10^{10})$$

令特征方程（4 - 28）与期望的特征方程（4 - 23）相等，可以计算得到增益为

$$K_{11} = 1.8 \times 10^6 \quad K_{22} = -2\,083 \quad K_{33} = -2.3 \times 10^5 \quad K_{44} = -902 \quad K_{55} = -241$$

将上述增益乘以电感 L 得到实际增益为

$$K_1 = 1\,584 \quad K_2 = -1.83 \quad K_3 = -202.4 \quad K_4 = -0.79 \quad K_5 = -0.21 \tag{4-29}$$

可以看出除 K_1 外，其他增益都是负数。正的增益补偿由于外部转矩引起的偏差。为了验证增益［式（4 - 29）］是否正确，必须将其代入矩阵 **AC** 中，再次计算特征值。

$$\boldsymbol{AC} = \begin{bmatrix} 0 & 1 & 0 & 0 & 0 \\ -1.282 \times 10^4 & 0 & 1.282 \times 10^3 & 0 & 0 \\ 0 & 0 & 0 & 1 & 0 \\ 1.282 \times 10^4 & 0 & -1.282 \times 10^3 & 0 & 106.4 \\ K_{11} - 1.136 \times 10^5 & K_{22} & K_{33} & K_{44} - 943.2 & K_{55} - 409.1 \end{bmatrix} \tag{4-30}$$

现在矩阵 **AC** 是闭环系统矩阵，再次计算特征值为

$$\boldsymbol{w} = \mathrm{eigenvals}(\boldsymbol{AC})$$

$$\boldsymbol{w} = \begin{bmatrix} -189.767 + 201.423\mathrm{i} \\ -189.767 - 201.423\mathrm{i} \\ -106.246 + 86.78\mathrm{i} \\ -106.246 - 86.78\mathrm{i} \\ -58.075 \end{bmatrix} \tag{4-31}$$

从特征值［式（4 - 31）］中可以看出，实际的特征值被移动到期望的点，二者之间微小的误差是由于计算时四舍五入引起的。

我们可以看出，特征方程根的阻尼比都大于 0.7，是因为根的实部在复平面内移到了 $-45°$ 线左侧。实根已经在复平面上被移到了要求的位置，由于计算可能存在四舍五入，要求的特征值会有一个很小的偏差，这表明特征值对增益值不是非常敏感，对于要求达到精确增益的实际应用来说很有帮助。鼓励读者将每个增益改变约 10% 来观察增益变化时特征值的敏感程度。

本节中使用期望特征方程与实际特征方程对应项系数相等来计算增益，当然也有其他的方法，这些方法不在本书的讨论范围内。对于伺服电机应用来说，作者认为上述方法十分有效，这一方法也可以用于更简单的应用。

计算增益之后，研究状态变量的稳态值有助于研究闭环系统的精度。如下为外部转矩为零，θ_i 为单位阶跃输入时的计算

$$\boldsymbol{B}_1 = \begin{bmatrix} 0 \\ 0 \\ 0 \\ 0 \\ \dfrac{K}{L} \end{bmatrix} \tag{4-32}$$

$$\boldsymbol{x} = -(\boldsymbol{AC})^{-1}\boldsymbol{B}_1$$

$$\boldsymbol{x} = \begin{bmatrix} 0.185 \\ 0 \\ 1.852 \\ 0 \\ 0 \end{bmatrix} \tag{4-33}$$

上述分析表明，两个输出的位置移动到一个与期望单位输入不同的位置。这其中不存在问题，因为就输出位置而言，输入可以进行标定。同时也注意到，电机的转动在数值上为输出位置的十倍，这是预期的结果。此外，稳态时电流为零，因为电机已经运动到了期望的位置，不再需要电流。

使用叠加原理来研究外部转矩的影响也很重要。对此，输入设为零，对于单位输入的外部转矩，计算方法如式（4-32）和式（4-33）。首先计算外部转矩的输入向量。

计算过程与单位阶跃输入相同。结果为

$$\boldsymbol{B}_2 = \begin{bmatrix} 0 \\ -12.82 \\ 0 \\ 0 \\ 0 \end{bmatrix} \tag{4-34}$$

$$\boldsymbol{x} = -(\boldsymbol{AC})^{-1}\boldsymbol{B}_2$$

$$\boldsymbol{x} = \begin{bmatrix} -3.876 \times 10^{-3} \\ 0 \\ -0.029 \\ 0 \\ 0.12 \end{bmatrix} \tag{4-35}$$

可以看出误差非常小，当最大额定转矩约为 10 N·m 时，误差仅为上述值的十倍。注意到转动的单位为弧度制，且有一个 0.12 A 的电流流过绕组来对位置进行修正。

为了获得更高的精度，必须将根在 s 平面上移动到离实轴更远的位置。为了使得稳态误差为 0，在系统的前馈通道上必须添加积分器，这使得系统的阶数从 5 阶增加到了 6 阶，系统变得更加复杂。鼓励读者在大四或者是研究生阶段将其作为研究课题。这种情况下，不可能测量所有的状态变量，须研究全维观测器或降维观测器。

上述过程表明，对于伺服电机来说，写出上述形式的控制微分方程，可以测量所有的状态变量并用作反馈，所有的根都可以在 s 平面内移动到期望的位置。

4.7　功率模块特性

在之前的章节中，讨论了多种形式的直流伺服电机功率模块，理解输出电压与控制信号的关系十分重要。在 4.6 节中，信号增益 K 用来将控制信号转化为可使用的大电流和大电压。在实际系统中，连接到电机上的是一系列整流脉冲，电机响应输出电压的平均值。本节的目标为研究控制信号与输出电压的关系，突出功率模块的重要特性。首先，要讨论的是晶闸管控制的功率模块。

如图 4-10 所示，低电平控制信号控制晶闸管的导通角。一个周期内，输入信号只有一部分可以通过晶闸管。此处讨论的是单相半波整流时最差的情况。通常导通角与控制信号成如下比例关系

$$\alpha = K_c V_c \tag{4-36}$$

其中，α 是导通角，K_c 是传递增益，V_c 是控制信号，得到输出电压的平均值为

$$V = \frac{1}{\pi}\int_0^\alpha V_m \sin\alpha \, \mathrm{d}\alpha \tag{4-37}$$

V_m 是供电电压的幅值，积分得到

$$V = \frac{V_m}{\pi}(1-\cos\alpha) \tag{4-38}$$

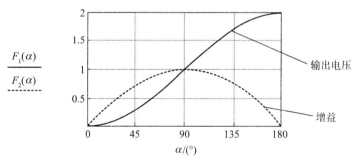

图 4-10　输出电压的变化与无量纲形式的增益

可以看出，电机的供电电压与导通角的关系是非线性的。因此，增益取决于导通角。通过电压对导通角的微分得到增益为

$$K_g = \frac{V_m}{\pi}\sin\alpha \tag{4-39}$$

式（4-38）与式（4-39）可以写作无量纲形式

$$\frac{\pi V}{V_m} = 1-\cos\alpha \tag{4-40}$$

$$\frac{\pi K_g}{V_m} = \sin\alpha \tag{4-41}$$

式（4-40）与式（4-41）在图 4-10 中以曲线的形式表示。

图 4 - 10 表明，导通角为 0°或 180°时，增益为零，导通角为 90°时，增益最大，之前的分析中考虑了全部的增益。这张图表明为了保证系统的稳定性，必须考虑最大的增益，为了研究系统的精确性，必须考虑最小的增益。为了防止增益为零，制造厂家通常会对晶闸管控制的功率模块进行设计，使得在 0°导通角附近时，晶闸管双向导通，这会对外部转矩产生一定的抗扰性。为了分析这一抗扰性，须研究导通角在 5°～10°之间的增益。

晶闸管控制的功率模块另一重要特性为电机中的功率损耗。假设负载电阻值已知，须考虑其功率因数，它代表了电机中的功率损失。功率损失与 I_{rms} 的平方成比例关系，电机供电功率与 I_{ave} 成比例关系，两个电流的比值即为功率因数

$$功率因数 = \frac{I_{\text{rms}}}{I_{\text{ave}}} \tag{4 - 42}$$

不进行详细的计算，单相半波整流的功率因数如图 4 - 11 所示。

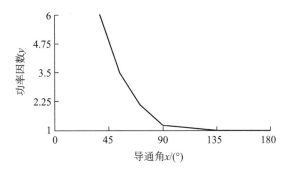

图 4 - 11　典型晶闸管控制的功率模块的功率因数变化

图 4 - 11 表明，导通角很小时，功率损失很大，导通角增大时，功率损失会减小。

对于 PWM 功率模块，输出电压与占空比成正比，此时，增益为常数，功率因数为 1。

4.8　功率因数对速度波动的影响

用于测试晶闸管控制直流伺服电机性能的装置已有许多年的发展历史。将一个 2 kW 的直流电机连接到加载台上，可以对电机施加不同转矩进行测试。将带有整流晶闸管的三相供电的控制器连接到电机上，电压正向整流使电机顺时针旋转，负向整流为逆时针旋转。控制器的电路带有超前滞后网络可以改善其性能。导通角由包含另一个控制电路的超前滞后网络的输出来控制。将转速计连接到一个小型直流电机的末端，以产生速度负反馈，通过提高闭环增益得到更高的精度来改善性能。加载台的另一端连接解码器以测量转子位置。解码器是一个简单的电机，依据转子的位置可以成比例地产生两个相角不同的正弦信号。由此可以对电机的速度或位置进行控制。具体电路部分的讨论不在本书范围内。

增加本节的目的是研究导通角变化时电机速度的波动。

首先电机以一个相对高的转速空载运行，此时的速度波动应该是最小的。如图 4 - 12 所示，速度为 100 r/min 时，电流为 4.5 A，此时的速度波动为 1 r/min。

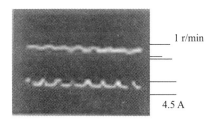

图 4-12　空载下，100 r/min 时的电机速度波动，振荡频率为 150 Hz

图 4-13 所示为空载时电机以 6 r/min 的速度转动，系统中的电流为 4 A，速度波动相对较小。

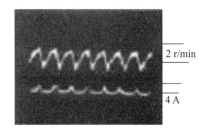

图 4-13　空载下，6 r/min 时的电机速度波动，振荡频率为 150 Hz

在电机上施加负载并加以大电流时，观察速度转动。图 4-14 所示为电流 20 A、转速 6 r/min 时的速度波动。

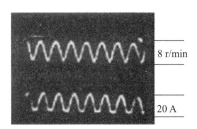

图 4-14　20 A 的电流下，6 r/min 时的电机速度波动，振荡频率为 150 Hz

可以看出转速为 6 r/min 时，实际速度波动为 8 r/min，系统电流为 20 A。

下一项实验为电机以相对高的转速运行（100 r/min），电流为 20 A。图 4-15 显示了速度波动的响应以及电流的波形。

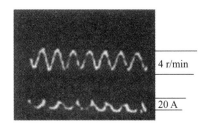

图 4-15　20 A 的电流下，100 r/min 时的电机速度波动，振荡频率为 150 Hz

可以看出，在各种速度与电流下运行时，电机都存在速度波动。最差的条件就是电机在大电流下做低速运动。为了降低小导通角下的速度波动，将晶闸管双向导通，即产生双向电流，使得转速或位置更加稳定。三相电源中晶闸管控制下的直流电压波动非常小。

对于高性能应用需求，可以使用 PWM 技术。此时三相电源采用全波整流。输出的直流电压可以控制输出电压的平均值，可变电压以方波形式输出，通过电信号驱动控制占空比来调整输出电压平均值，如图 4-16 所示。

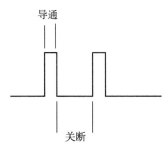

图 4-16　典型的 PWM 系统

占空比由驱动模块决定，脉冲的频率可以高达 2 kHz，这一频率明显减小了速度波动，事实上速度波动几乎可以忽略不计。图 4-17 所示为电压平均值与占空比的关系。可以看出平均电压为一条直线，表明系统的增益为常数。这种驱动适用于位置控制应用。

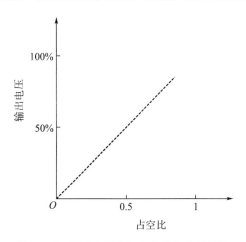

图 4-17　PWM 系统的占空比与电压特性

在设计电源时，应考虑应用是否能接受小幅的速度波动。如果可以接受，则应购买晶闸管控制驱动单元，因为价格便宜。如果不能接受，PWM 驱动是最好的选择。随着性能的提升，驱动器也越来越贵。整体的成本取决于要驱动的轴的数量，以及位置是否必须可控。

对于特定应用，选择直流电机时，有一些因素是必须考虑的。本章为研究直流电机，以如何在系统模型中使用具体数值作为例子。有时可以忽略电感，但是在闭环控制中必须考虑电感的影响。本章中研究的电机为永磁电机，电压通过电刷与转子接通。永磁体对直流电机性能的影响很大，如果使用稀土磁体，则影响会变小。电刷可能会引起可靠性方面的问题，因此为了克服这一问题，可以设计无刷电机。

必须掌握的参数信息是转矩常数与电压常数。此外，即使没有在设计考虑范围内，额定转矩与最大启动转矩也是重要的参数。最大启动转矩决定了转子初始的加速度以及附加到电机上的惯量。为避免绕组烧毁，必须设计限流电路以限制流过电枢绕组的最大电流，这也决定了电机短时间内能达到的最大输出转矩。额定转矩可以使电机持续工作而不用考虑以上提到的问题。对于直流电机来说，有三种驱动模块。一种是单相晶闸管控制的驱动模块，价格相对便宜，但是须接受速度波动的问题，这种驱动适用于低性能应用，且可以用于位置与速度控制，但对外部转矩不能产生较好的位置/速度稳定性，双向应用的输出脉冲频率为 50 Hz，单向应用的输出脉冲频率为 100 Hz。第二种驱动模块是三相晶闸管控制系统，双向应用可以产生 150 Hz 输出脉冲频率，单向应用的输出脉冲频率为 300 Hz。第二种驱动模块显然比第一种好很多，因为速度波动明显降低。第三种为 PWM 型，比前两种价格更高，因为其对三相电源进行了整流。经过整流，用于小型电机的功率晶体管可以产生方波信号。输出脉冲的频率可以超过 2 kHz，这能够有效降低速度波动至可以忽略的水平。功率大于千瓦级的电机，可以用晶闸管来产生方波脉冲。而晶闸管的问题是，一旦导通，将会持续导通直至电流为零。这一问题需要通过设计特殊的电路使得电流可以暂时为零，并在需要的时刻再次导通来解决。

4.9 小结

本章首先研究了开环的电机转速控制，因此建立了电机的转矩与转速的关系。我们知道，启动转矩非常大，因此必须在控制单元中设计限流器。这一阶段可以忽略电机电感。直流电机闭环控制为更好的速度控制方式，且减小了如外部转矩之类的外部扰动的影响。应用比例控制可以看出速度控制存在一个小的稳态误差。闭环控制中不能忽略电机电感。通过这种闭环控制的方法可以获得一个相当快的响应，这已经经过了数学模型的推导证明。整章都使用的是经典反馈控制理论，因此要求读者熟悉经典反馈控制理论。使用了比例积分控制，且实际上，积分部分将控制信号与外部转矩的误差变为零。速度反馈用于增加系统的阻尼，因此可以使用较大的增益值。

在位置控制应用中，采用了比例积分控制策略，结果表明在位置闭环控制中，系统响应比速度控制情况更慢，特征方程更为复杂，变为 4 阶。使用 MathCAD 软件可以使分析过程变得简单。也可以使用其他种类的数学软件，但是 MathCAD 数学软件的内置模块使用非常方便，可以很容易地解决复杂的问题。

应该注意到，虽然提及了 PID 控制，但是由于系统中存在噪声，所以不考虑使用微分环节，而是用速度反馈来代替。另一种可以产生较好响应的控制策略是超前滞后网络。图 4-18 所示超前滞后网络方框图表明其可以代替比例控制策略使用。分析与计算留给读者自行完成。

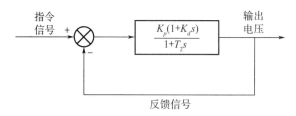

图 4 - 18　典型超前滞后网络

　　方框图中 K_p 为增益，K_d 为超前网络的时间常数，T_2 为滞后网络的时间常数。必须使用位置反馈中的速度信号，将其与给定信号做比较，差值反馈到超前滞后网络，且将经过放大的输出电压施加给电机。微分部分的存在使这种控制策略与 PID 控制类似。

第 5 章 步进伺服电机

5.1 主要原理

步进电机定义为经开关直流电源励磁后，输出轴以不连续步长运动旋转的设备。在现代电子电气设备中，对于要求将数字脉冲输入转化为模拟量的轴（旋转）输出时，步进电机是非常有用的设备。每一圈轴旋转都可以用离散相等的步长或其增量来表示，每一步都可以被一个单脉冲触发。步进电机的转子可以由永磁体制作或是使用直流电励磁，后者需要使用电刷来完成转子的励磁，图 5-1 所示为永磁转子步进电机的主要原理图。

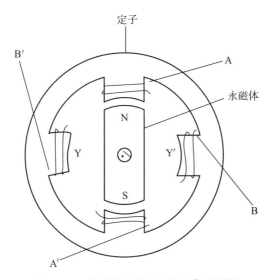

图 5-1 永磁转子步进电机工作原理图

图 5-1 表明，当 A-A′ 相励磁时，转子如图所示保持 0 位置。当 A-A′ 相不励磁，B-B′ 相励磁时，转子转动 90°，即为一步。这一过程可以重复以使转子完成另一步 90° 的转动。如果两相同时励磁，转子转动 45°。通过适当的励磁与去磁顺序，可以完成 45° 或 90° 的步长转动。

通过设计，转子也可以由外部电源完成励磁，如图 5-2 所示。

转子外部励磁的步进电机必须使用电刷对运动的转子供电。为了正常工作，需要周期性检查电刷。出于这个原因，在伺服控制系统中，优先考虑永磁体转子。

步进电机的定子分两相、三相或四相，三相步进电机如图 5-3 所示。

如图 5-3 所示，通过适当地对各相励磁或去磁，可以实现 60° 的步进角。转子由片状铁芯或永磁体制作。如果转子由永磁体制作，则可以获得较大的输出转矩。

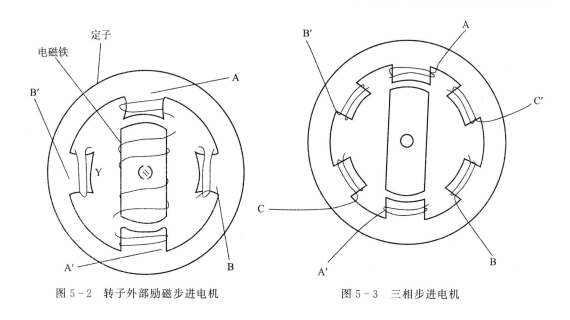

图 5-2　转子外部励磁步进电机　　　　　　　　图 5-3　三相步进电机

5.2　小步进角步进电机

如果步进电机的定子与转子由多齿的片状铁芯制成，则可以实现非常小的步进角。市场上已经实现了 1.8°或 0.9°的步进角。如图 5-4 所示，永磁体埋在转子中。

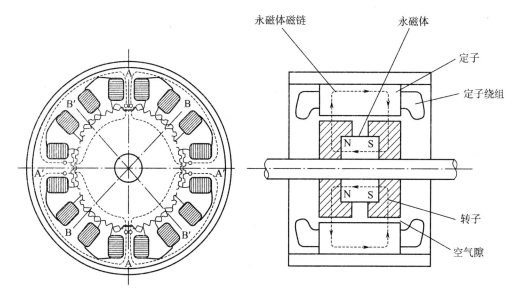

图 5-4　典型小步距步进电机

通过对定子绕组合理地励磁与去磁，转子可以根据定义的相角运动到要求的位置。此外，如果将减速器连接到步进电机上，可以使得位置精度非常高。为使步进电机转动到大于步进角的位置，通常会将电子功率单元接入电机，其中单个脉冲代表转子的一步运动。

这意味着，可对各相进行精确的励磁与去磁。第二个输入脉冲代表下一步的运动，这需要改变励磁与去磁的绕组相。

图 5-5 所示为一个简单的使用三极管来切换需要供电相的示意图，可以看出至少需要四个三极管来完成所需的切换动作。使用电子器件给需要开启的三极管供电，这使得如图所示的 A、B、C、D 四相绕组连接到供电电压上。

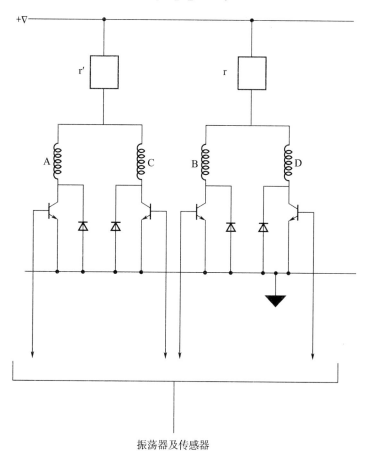

振荡器及传感器

图 5-5 简化的步进电机控制器电路图，A、B、C、D 为定子绕组

5.3 步进电机的转矩-位移特性

当定子的某相励磁绕组的齿对准了转子的齿时，输出转矩为零。这意味着转子对施加的输出转矩没有抗扰性。当转子发生很小的偏移时，在定子与转子的齿之间会产生磁吸拉力，表现为转子的转矩。这一过程可以通过正弦输出转矩来模拟，图 5-6 所示为两相励磁的情况。

输出转矩与转子位移的关系可以近似为

$$T_m = nK_t^1 I\sin\theta \tag{5-1}$$

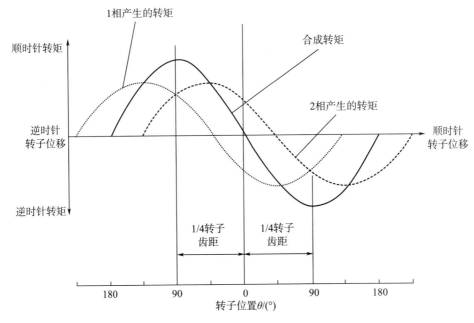

图 5-6　通用步进电机转矩-位移特性

在式（5-1）中，n 是励磁的相数，T_m 是产生的转矩，K_t^1 是电机转矩常数，I 是电流，可以写作

$$I = N_{RT}\phi \tag{5-2}$$

其中，N_{RT}，ϕ 分别是转子齿数与步进角。对于一个确定的电机来说，n，K_t^1 为常数，式（5-1）可以写作

$$T_m = K_t^2 I \sin\theta \tag{5-3}$$

其中，K_t^2 是常数，I 是定子绕组流过的电流，θ 是转子位置。方程（5-3）是非线性的，为了研究步进电机的动态过程，需将其线性化为

$$T_m = K_t I - K_\theta \theta \tag{5-4}$$

其中

$$K_t = \frac{\mathrm{d}}{\mathrm{d}I} T_m \quad \theta \text{ 为常数} \quad K_t = K_t^2 \sin\theta \tag{5-5}$$

$$K_\theta = \frac{\mathrm{d}}{\mathrm{d}\theta} T_m \quad I \text{ 为常数} \quad K_\theta = K_t^2 I \cos\theta \tag{5-6}$$

式（5-4）的第二部分是负的，因为随着 θ 增加超过步进电机的一步时，转矩会减小。当 θ 运动一步时，转矩为零。转矩常数 K_t 与步进角由厂家给出，因此 K_θ 可以很容易地估算出来。

5.4　单步运动的动态响应特性

首先，研究步进电机的单步运动动态响应特性十分重要。为此，必须使用线性化之后

的方程（5-4）。此外还需进行一些假设，对于最简单的模型，忽略绕组的电感。电压方程简化为

$$V = RI \tag{5-7}$$

将方程（5-4）代入，消去方程（5-7）中的变量 I，得到

$$T_m = \frac{K_t}{R} V - K_\theta \theta \tag{5-8}$$

假设整体的转动惯量为 J，粘性机械阻尼为 C，则转子运动方程可以写作

$$T_m = J s^2 \theta + C s \theta + T_l \tag{5-9}$$

其中，T_l 为施加到电机上的外部转矩。从方程（5-8）和方程（5-9）中消去变量 T_m，经过整理得到传递函数为

$$\theta = \frac{\dfrac{K_t}{R K_\theta} V - \dfrac{1}{K_\theta} T_l}{\dfrac{J}{K_\theta} s^2 + \dfrac{C}{K_\theta} s + 1} \tag{5-10}$$

可以看出控制传递函数的最简形式为一个二阶传递函数，两个输入变量为电压和外部转矩。通过特征方程的系数计算得到自然频率与阻尼比为

$$\frac{1}{\omega_n^2} = \frac{J}{K_\theta} \qquad \omega_n = \sqrt{\frac{K_\theta}{J}} \tag{5-11}$$

自然频率给出了响应的速度，可以看出，随着转动惯量的增大，自然频率会减小，随着 K_θ 的增大，自然频率会增大。阻尼比为

$$2 \frac{\xi}{\omega_n} = \frac{C}{K_\theta} \qquad \xi = \frac{C}{2} \sqrt{\frac{1}{K_\theta J}} \tag{5-12}$$

如果机械阻尼系数 C 为零，转子会持续振荡。实际上，机械摩擦会增大阻尼比。这意味着，转子运动一步，振荡会非常小，因此转子的齿会与定子的齿对齐。K_θ 与 J 的存在都会减小阻尼比。

对于更加精确的数学模型，必须考虑定子绕组的电感，这只改变了电压方程。传递函数变为三阶意味着电机运动可能是不稳定的。

5.5 步进电机的转速-转矩工作特性

在之前的章节中研究了步进电机的动态过程。而在许多应用中，要求步进电机运动多步。这种情况下，电机一步一步地运动。显然，电机运动一步的情况下，当转子已经到了这一步的 $80\% \sim 90\%$ 的位置时，就必须开始进行下一步的运动了。图 5-7 所示为典型的电机运动过程。图中显示为典型步进电机的转速-转矩特性。步速直接取决于施加的转矩，间接取决于转动惯量。零转矩时，可以达到厂家规定的最大步速，即电机能够以最大转速运行，然后减速使得转子到达要求的位置。

图 5-7 中有两条曲线：一条是输入转矩，一条是输出转矩。这表明一旦转子加速到

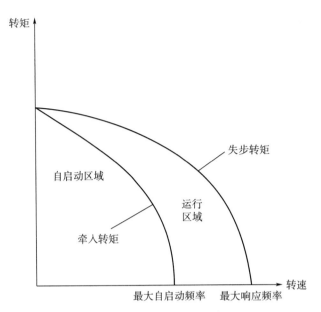

图 5 - 7　典型步进电机的转速-转矩特性

接近最大转速时，开关速度会增大更多。这一曲线图由厂家提供。

5.6　步进电机位置控制应用

　　步进电机用于位置控制时，可以开环运行，而存在的风险为步进电机运行多步时，可能会丢步。开环中，必须使开关速度足够小，才能实现准确定位。为解决丢步的问题，则需在闭环模式下运行。通常使用位置编码器测量输出位置，并将输出位置的信息反馈给控制器。将期望位置与输出位置相比较，依据得出的误差改变开关速度。这种模式下可以避免丢步。步进电机应用于位置闭环控制的方框图如图 5 - 8 所示。

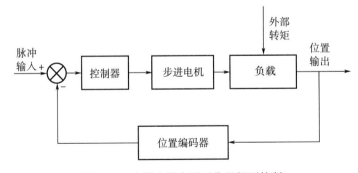

图 5 - 8　步进电机应用于位置闭环控制

　　虽然输入、输出位置都是数字量形式，但可以转化成模拟形式。控制器输出可以写作

$$V = K(\theta_i - \theta_o) \tag{5-13}$$

其中，V 是输出电压，决定了开关速度。K 是增益，θ_i，θ_o 分别是期望位置与实际输出位

置。当步进电机以特定频率励磁时，假设电感为 L ，电压方程可以写作

$$V = RI + LsI \qquad (5-14)$$

应该注意到，对于步进电机来说，没有内部速度反馈。这意味着，步进电机的阻尼比小于直流伺服电机。因此，必须认真研究步进电机的稳定性。转矩方程与直流伺服电机类似，为

$$T_m = K_t I \qquad (5-15)$$

转子运动方程与负载方程的描述与直流伺服电机类似。建议读者从步进电机的厂家获取手册，在多变复杂的情况下研究步进电机闭环位置控制应用中的动态过程。须对容易实现的速度反馈的影响进行研究。对于更复杂的应用，应该研究在直流伺服电机中描述的状态变量反馈方法。

第6章 交流伺服电机

6.1 工作原理

不需要大启动转矩，且应用为恒速时，交流电机是首选。交流电机有三相或单相的。小型的电机用于家庭，且其为单相工作。对于工业应用，可选用的交流电机的输出功率从零点几马力到几百马力都有。工作原理为，转子由钢片制成，导电材料棒如铝或铜等两端短接埋在转子中。定子也由钢片制成，且合理地设计凹槽。凹槽中是精心设计好的连接到供电电源上的若干相绕组，供电电源产生一个旋转磁场。电机连接到电源时，会在转子轴上产生一个感生电动势，这个感生电动势会激发电流流经转子。由于电流的作用，会产生加速转子的电动转矩。随着转速的增加，感生电动势会随着转子接近同步转速而降低。达到同步转速时，转矩为零。因此，交流电机总是以低于同步转速的速度旋转。同步转速取决于电源频率和定子的极对数，本书中只研究三相鼠笼式电机。

6.2 调速交流电机

工业中广泛使用晶闸管/三极管驱动设备。对于普通的工业应用来说，当下流行的调速驱动选择由晶闸管逆变器供电的直流电机。晶闸管的控制性能与脉宽调制直流伺服电机在第4章中已经讨论过了。本章关心的是使用交流电机的静态调速驱动而不是直流电机。静态变频交流驱动使用由静态变频器供电的笼式转子感应电机或同步磁阻电机，这为设计者提供了一种通用且耐用的调速装置，比起传统的调速驱动来说，其优点是可靠性更高且减少了设备的维护。对比于直流伺服电机，静态交流驱动的主要缺点在成本方面，还有其较低的启动转矩。然而，随着生产规模的扩大与制造技术的改进，功率半导体器件的价格在持续降低。在静态变频器中，首先使用二极管对电源进行整流，然后使用晶闸管或三极管将直流电转换成连接到电机上的变频输出。改变交流电机转速最恰当的方法就是改变电源频率。低频时，电压的幅值也要对应降低，否则定子绕组中将流过大电流，这不是期望的结果。

电机的转速公式如下

$$\omega_f = 2\pi \frac{f}{p} \tag{6-1}$$

其中，ω_f 是同步转速；f 是电源频率；p 是定子极对数，最小的值为1，此时得到的转速为3 000 r/min。

6.3　数 学 模 型

对于恒速控制的应用来说，供电电压与频率都是常数。电机静止时，同步旋转磁场在转子中激发反电动势。转子导体在每一相的末端短接，如果电路是纯阻性的，那么电流与反电动势的分布就是理想的。每一相转子导体产生的转矩与该处磁通密度和流过的电流的乘积成比例。这是产生电磁转矩的最佳条件。如果转子回路是纯感性的，则合成的转矩为零。实际上，转子的功率因数总是大于零的，因此产生的电机转矩会使得设备从静止状态开始运动，转速以与气隙磁场相同方向迅速上升。

达到同步转速时，转矩为零。由于存在机械摩擦与空气摩擦，转子转速总是小于同步转速的。如果电机运行的速度为 n，小于同步转速 n_1，则 $n_1 - n$ 的差值称作电机的速度衰减，通常将其与同步转速的比值称作静差率 s_l

$$s_l = \frac{n_1 - n}{n_1} \tag{6-2}$$

对于常规的负载条件，可以清晰准确地假定气隙磁通为常数。转子反电动势的大小与静差率 s_l 成比例关系。如果转子与气隙磁场精准同步运动，则感生出的反电动势为零，转子不产生转矩。事实上，即使是空载情况下，电机运行在略低于同步转速的速度时，也需要较小的电机转矩来克服空气阻力与摩擦。当在电机轴上施加负载时，转速下降到低于同步转速很多的一个水平，且会产生一个更大的转子电流。当转子电流流过时，会感生出一个额外的定子电流分量。像在变压器中一样，这个定子电流的负载分量会抵消掉转子的反电动势，使得合成的气隙磁通实际上并没有被改变，这正如之前假设的一样。基于以上假设，电机产生的转矩可以写作

$$T_m = K\phi I_2 \cos\varphi_2 \tag{6-3}$$

式中　K ——常数；

I_2 ——转子导体中的反电动势电流；

φ_2 ——转子的相角滞后；

$I_2 \cos\varphi_2$ ——同相电流；

ϕ ——气隙磁通。

转子电流与定子电流以一个常系数互相关联。因此，像直流电机一样，输出转矩可以假定为与转子电流成比例，写作

$$T_m = K_t I \tag{6-4}$$

其中，K_t 是比例系数，I 是转子电流。如之后要讨论的，式（6-4）只在电机工作点的小范围内有效。

为了得到交流感应电机的电压方程，必须了解定子与转子的全部特性。为了简化分析，须研究交流电机单相通电时的等效电路框图。这十分必要，为了获得数学模型，必须建立施加电压与定子电流的线性关系。由于定子电流与转子电流的相互作用，电路图十分复杂。单相电路图如图 6-1 所示。

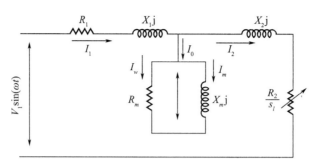

图 6-1　交流感应电机的单相电路图

在图 6-1 中，R_1 是定子电阻，$X_1 = L_1\omega$ 是定子阻抗，R_2 是转子电阻，$X_2 = L_2\omega$ 是转子阻抗，R_m 是磁阻，$X_m = L_m\omega$ 是磁阻抗，以上单位均为 Ω，s_l 是静差率，R_2/s_l 给出了等效于直流电机的反电动势。

图 6-1 的电路图可以化简为一单独的阻抗电路，如图 6-2 所示。

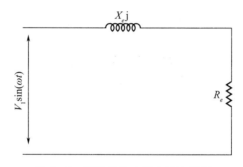

图 6-2　简化后的电阻电感电路图

在图 6-2 中，电阻、电感的值随着交流电机状态的变化而改变。经过简单的整理化简，可以得到

$$R_e = \frac{\dfrac{R_2/s_l}{(R_2/s_l)^2 + X_2^2} + \dfrac{R_m}{R_m^2 + X_m^2}}{\left[\dfrac{R_2/s_l}{(R_2/s_l)^2 + X_2^2} + \dfrac{R_m}{R_m^2 + X_m^2}\right]^2 + \left[\dfrac{X_2}{(R_2/s_l)^2 + X_2^2} + \dfrac{X_m}{R_m^2 + X_m^2}\right]^2} + R_1$$

$$X_e = \frac{\dfrac{X_2}{(R_2/s_l)^2 + X_2^2} + \dfrac{X_m}{R_m^2 + X_m^2}}{\left[\dfrac{R_2/s_l}{(R_2/s_l)^2 + X_2^2} + \dfrac{R_m}{R_m^2 + X_m^2}\right]^2 + \left[\dfrac{X_2}{(R_2/s_l)^2 + X_2^2} + \dfrac{X_m}{R_m^2 + X_m^2}\right]^2} + X_1$$

上述两个方程给出了随着电机运行条件发生变化的交流电机等效电阻与电感。可以看出，电机有效的电阻、电感是静差率 s_l（或转矩）与电源频率的函数。为了研究电阻、电感的变化，考虑一个 2.2 kW 的三相交流感应电机。

图 6-3 所示为等效电阻随着转矩增加，在不同频率下的变化。可以看出，空载条件下，阻值非常低，表现为较大的电流流经电机的内阻。随着转矩的增加，阻值增大，达到最大值后又在较大的转矩下减小。同样可以看出，电源频率较低时，电阻减小得非常快。

因此在低频时，电压的幅值必须减小以避免过大的电流流过电机绕组的有效阻值。

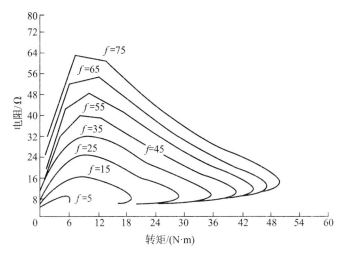

图 6 - 3　有效电阻随负载及电源频率的变化

等效电感的计算类似于电阻的计算。如图 6 - 4 所示，可以看出转矩较小时，电感值很大，当转矩增加时，等效电感会减小。当电源频率降低时，电感随转矩增加的衰减速度会更快。图 6 - 3 和图 6 - 4 都显示出交流电机存在运行的工作点。这一工作点也使得电阻、电感的值能够让电机产生足够的转矩克服外界施加的转矩。转矩不能太小，这样会使得电阻值很小，但是电阻值很小的时候，转矩也不应该过大。随着转矩的增加，计算电流值是我们关心的。

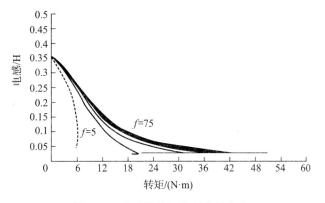

图 6 - 4　电感随转矩及频率的变化

随着外部转矩的增加，可以从电阻与电感的变化中预测电流的变化，如图 6 - 5 所示。图中显示了随着转矩的增加，电流也随之增加。并且随着转矩的增加，电流几乎是线性增加的。电流值较大时，转矩快速下降。这是交流伺服电机的一个缺点。因此，如之前所说的，交流电机不具备大的启动转矩。交流电机转速-转矩特性是我们关心的。在上面的讨论中，我们知道，可以通过厂家提供的数据计算等效电阻、电感，然后可以计算出电流。当电流已知时，就可以根据上面给出的转矩方程计算出转矩，如图 6 - 5 所示。

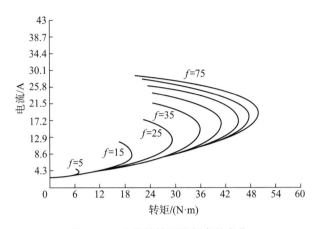

图 6 - 5　电流随转矩及频率的变化

可以看出交流电机的转速-转矩特性在一个很宽的转速、转矩范围内呈线性，如图 6 - 6 中虚线所示。转矩较大时，转速快速下降，同时输出转矩也快速下降，这个图须由厂家提供。随着频率（转速）的降低，输出转矩也会减小。转矩方程可以假定为线性的，且如之前的阐述可以写作

$$T_m = K_t I \tag{6-5}$$

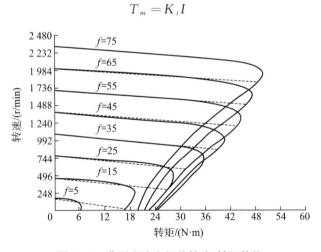

图 6 - 6　典型交流电机的转速-转矩特性

有两种方法得到电压方程，一种是将电压方程写作

$$V = RI + LsI \tag{6-6}$$

其中，s 是拉普拉斯算子，电阻、电感呈高度非线性。在不同的供电电压与频率下，电阻、电感都会改变。在工作点附近小的变化区域内，可以假定电阻、电感为常数。转子与负载的控制微分方程可以由类似直流伺服电机的方式得到。为了研究速度与位置控制应用的稳定性与精度，必须考虑变化的工作条件。

第二种方法是类似直流电机的形式写出电压方程

$$V = RI + LsI + C_m\omega_m \tag{6-7}$$

在方程 (6-7) 中，C_m 是反电势常数，且方程表明了随电机转速的增加，电流减小，这种情况可以考虑电阻、电容的平均值。

应该强调的是，电压方程只是近似计算，研究完整的伺服系统的稳定性与精度可能会用到不同的常数值。应用于位置与速度控制的交流电机是值得深入研究的，读者需关注这一领域的最新发展。

6.4 变频技术

如之前讨论的，为了获得可调速的交流电机，供电电压的频率与幅值都需要改变。本节的目的不是给出详细的电路图，而是简要地解释基本方法。

使用变频电源控制交流电机的转速并不是新技术，旋转变频器也已经应用很多年了。这些主要用在多电机轧机驱动以及一些特殊的应用中，如为了能使用小型交流电机而选择高的工作频段。如今，旋转机械变频交流供电大量地被静态逆变方法代替。

如果旋转变频器被变频供电静态方法取代，则交流调速系统的性能与可靠性可以被进一步提升。静态变频的再次兴起是因为对比于其他开关设备，晶闸管与三极管的性能得到提升。晶闸管是更高效的开关，因为导通条件下的压降只有 1 V。

稳态下，对于大多数的变频器，电机频率与误差电压成比例关系。尽管接收到误差信号时电机频率会改变，但仍需考虑动态过程。在大多数的变频器中，电机转速、供电电压与输入误差信号的关系与讨论过的直流电机的情况类似，即类似于方程 (6-6) 和方程 (6-7)。

图 6-7 表示了稳态下电机输入误差信号与输出频率之间的关系。输出电压随误差信号改变的变化量没有表示出来。输出电压随误差信号改变的变化对于不同的变频器也是不同的，但是基本上随着输出频率的降低，电机电压也一定会随着频率变化，且成比例地改变。

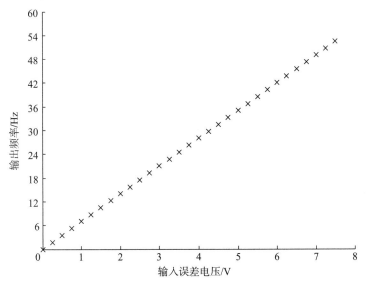

图 6-7 输入误差信号与输出频率之间的稳态关系

图 6-8 所示为变频器的基本工作原理。首先，三相电源整流为纯直流电，然后使用晶闸管得到电机的变频输入。

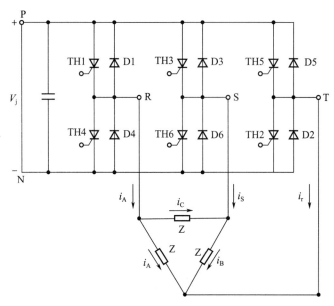

图 6-8　简化的变频器工作原理电路图

电子元器件需要改变连接到电机上的电压频率。这一过程通过控制不同晶闸管的触发周期来实现。上述电路图的触发脉冲序列如图 6-9 所示，可以看出，通过电子电路，晶闸管须在预先设定好的周期内触发以产生直流电。必须强调的是，晶闸管开通时，会持续导通直到电流为零。因此，对于所有的变频器，必须设计电子电路以迫使晶闸管在预先设定好的时间内停止导通。

图 6-10 所示为典型的合成波形，不是一个纯正弦波。电机会响应输出波形的基频信号，高次谐波基本存在于高频段，会在电机中产生许多噪声，尤其在低频段运行时。

对于位置控制应用，动态性能可接受的最常用变频器有三种。对于脉冲幅度调制逆变器，输出电压的幅值由相控整流器（晶闸管）在整流阶段控制，频率在输出阶段控制［见图 6-11 （a）］。这样可以在高频高压区域得到恒定的压频比，通常在低频时，会通过限制最小输出电压来提升频率。主要的缺点是输出电压波形产生谐波分量，导致振荡及额外的噪声。

脉冲幅度调制驱动的振荡与噪声问题在脉冲宽度调制逆变器中解决了，其平均输出电压与频率都在交流电源被整流成恒定直流源的输出阶段控制［见图 6-11 （b）］。这比使用正弦脉宽调制的改善效果好得多。

在电流源逆变器中，直流回路中大的电感会产生一个恒定电流［见图 6-11 （c）］，其通过一系列的晶闸管轮流切换导通至电机的各相绕组。所有种类逆变器中的二极管都可以有效地提供整流功能且确保晶闸管关断时电流是连续的。电流源逆变器的主要优点是电路中的大电感可以在故障条件下突然产生浪涌电流时保护电子元器件。系统承受了非正弦

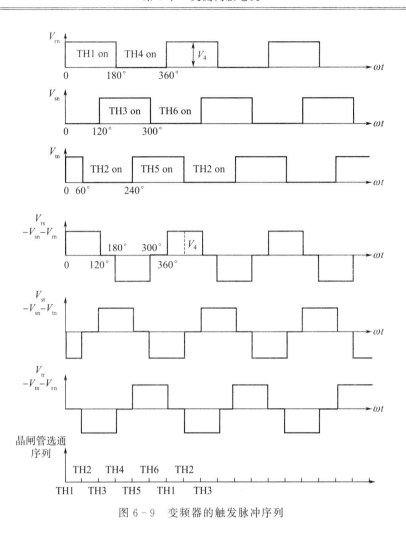

图 6 - 9　变频器的触发脉冲序列

的输出电流波形以及谐波带来的问题。

　　三种逆变器的描述中，PWM 通常可以在令人满意的低频转矩能力下得到转速从零到最大的平滑控制。在所有的逆变器中，输出电压与输入控制信号间的时延起保护电子元器件与电机的作用，使得其免受过载与急剧的浪涌电流的破坏。电路中也必须有限流器保护电机的绕组。因此，输出电压、频率与输入信号有关，可以近似为一个一阶传递函数的形式

$$V_{\text{o}} = \frac{a_1}{\tau s + 1} e \tag{6-8}$$

$$\omega_{\text{o}} = \frac{a_2}{\tau s + 1} e \tag{6-9}$$

　　时间常数 τ 通常由变频器的厂家给出，时间常数可能从几毫秒到 $10 \sim 30$ s 的范围内变化，取决于电机与变频器的额定功率。由于在低频时输出电压与误差信号的非线性特性更明显，增益 a_1 随频率发生变化。

　　方程（6 - 8）与方程（6 - 9）描述了变频器的动态特性。然而为了对完整的系统建

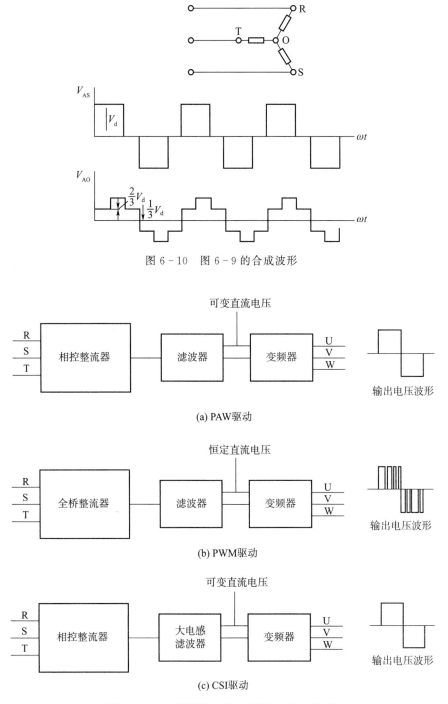

图 6 - 10　图 6 - 9 的合成波形

图 6 - 11　交流伺服电机中常用的三种变频器

模，即逆变器、电机以及负载，必须使用方程（6 - 8）的电压方程以及稳定的工作点；必须使用方程（6 - 7）建立模型的动态模型。频率变化是系统的固有属性且会被间接地表现出来。系统其他部分的动态过程类似于直流伺服电机。

6.5　小结

本节中研究了交流感应电机及多种变频器的特性，主要目的是描述交流感应电机用作伺服电机时的原理性过程。电机与变频器可靠性很高，是因为没有电刷。考虑使用三相电机，因为其转速随频率变化且这是调速的最佳方法。

许多研究中心在研究如何改善交流伺服电机的动态性能，尤其是在低频区域。鼓励读者拿到典型交流电机的目录以及适配的变频器的目录并对完整的系统建模。这对于研究速度或位置控制的交流伺服电机的动态性能是个很好的练习。应该注意到，交流伺服电机的可用转速范围非常宽，读者应该研究使用减速器来降低转速的优点，这一过程与直流伺服电机的描述相似。

第7章 电动液压伺服电机

7.1 引言

流体相比电力电源的优势为其不被材料的物理限制所约束。例如，钢材的饱和特性限制了电磁性能，而液压系统单位面积可获得的力约是磁饱和的十倍。因此，当要求体积或重量很小，但力很大的时候，会使用液压单元。其实际应用于重型机器上，如采矿机器及一些运动设备，但是在这些设备中，对于精度与稳定性只有最基本的要求，并不像在其他机械设备中要求严格。液压动力的主要缺点是由高压的油液驱动工作，这意味着需要专人来操作且必须保持油液的纯净，避免泄漏到环境中去。

从理论角度分析，由于数学模型的非线性程度不同，液压驱动比电力驱动更加复杂，这在之后会讨论。本章中，会分析一个 10 kW 的电动液压伺服电机的精度、稳定性以及性能。这个 10 kW 的液压电机与 1 kW 的电动机重量相同。液压电机另一个缺点是其需要高功率液体，这意味着需要液压泵、绝对安全的阀门以及油箱。尽管分析是基于这一实际电机进行的，对于其他功率范围的液压电机，也可以使用类似的方法进行分析。

在伺服系统中，通常使用换向阀，因为只需要非常小的力就可以使其运动。除静态摩擦外，流体方程是唯一的非线性方程，这在本章中会详细讨论。本书中，假定在要求的流速下，高压液油（P_s）是可用的，这种液油的可压缩性非常小。

7.2 简单的机械控制伺服系统

一个基本的伺服系统由换向阀及液压缸构成，如图 7 - 1 所示。高压液压油连接到换向阀中间的孔，另外两个孔连接到液压源的回路。图中所示状态为液压缸的两个入口阀都处于关闭状态，此时的负载静止。A、B、C 之间的机械连接用于控制负载的位置。当点 B 的位移量为 e 时，因为两个通道的两端都处于关闭状态，所以液压缸不会移动。因此，换向阀上的 A 点的位移量为 x，换向阀向右运动。高压液压油流入活塞的左侧，负载开始向右运动。

B 点位移量为 e 时，它的位置是确定的。随着负载向右运动，点 A 向左运动，换向阀运动到其初始位置，高压孔被再次关闭，负载在期望的位置停止。

应用叠加原理，可以得出 x, e, y 三个位移之间的关系。

首先假设点 C 是固定的，点 B 的位移量为 e。由于点 B 的移动，点 A 的位移量为 x。从两个三角形的相似中可以得到 x 与 e 之间的关系，如方程（7 - 1）及方程（7 - 2）。

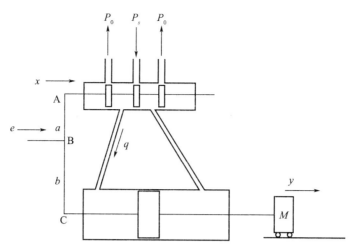

图 7 - 1　简化的液压机械位置控制

计算时，假设 A、B 间的距离为 a ，B、C 间的距离为 b ，则有

$$\frac{e}{x} = \frac{b}{a+b} \tag{7-1}$$

也可以写作

$$x = \frac{a+b}{b}e \tag{7-2}$$

然后假设 B 点是固定的，C 点的位移量是 y 。从两个三角形的相似中可以得到 x 与 y 之间的关系为

$$\frac{x}{y} = \frac{a}{b} \tag{7-3}$$

也可以写作

$$x = \frac{a}{b}y \tag{7-4}$$

依据叠加原理，x 、e 、y 之间的关系可以写作

$$x = \frac{a+b}{b}e - \frac{a}{b}y \tag{7-5}$$

第二部分为负，因为当 y 运动时，x 的运动方向与 x 的正向相反。

方程（7-5）表明，这是一个机械反馈，这意味着当给定输入 e 时，物块移动直至 x 等于零，此时的位移量是 y 。事实上，位移 e 可以用位移 y 来标定。点 B 可以在点 A、C 之间运动。实际上，在之后我们将了解到，点 B 的位置可以改变系统的增益，同时也可以改变位移 y 的标定。如果点 B 运动超过了点 A，则必须改变换向阀与液压缸之间的连接以便得到位置控制系统。

设计这类系统时，必须研究系统的稳定性与精度。这就需要得出系统各部分的数学模型以及和位移 y 与位移 e 有关的整体传递函数。

当换向阀位移为 x 时，流体方程为

$$q = C_d x \sqrt{P_s - P} \tag{7-6}$$

其中，C_d 是阀门系数，是与阀的各种参数（如截面积、液体密度、重力加速度以及阀的形状等）有关的一个函数。制造阀门的厂家需提供这些参数。P_s，P 分别是液压源及液压缸侧的压力。方程（7-6）是非线性的，其与位移 x 和液压缸压力的算术平方根成正比。对方程（7-6）进行线性化处理，可以写作

$$q = K_1 x - C_p p \tag{7-7}$$

其中

$$K_1 = \frac{\mathrm{d}}{\mathrm{d}x} q \quad C_p = \frac{\mathrm{d}}{\mathrm{d}p} q$$

$$p \text{ 为常数} \quad x \text{ 为常数}$$

读者需注意到，小写的变量代表距工作点的偏差。这在方程（7-6）中没有应用，因为显然方程代表的是流速的绝对值。

压力推动活塞运动时，满足下列方程

$$Ap = Ms^2 y + Csy \tag{7-8}$$

方程（7-8）中，M 是液压缸移动部分总质量，A 是活塞的截面积，C 代表粘性摩擦，这些参数的数值需由制造厂家提供。读者须知道，s 是拉普拉斯算子，且与假设所有初始状态为零时关于时间的微分作用相同。

另一方面，换向阀处的流体方程假定油液是不可压缩的，依据以下方程流经液压缸

$$q = Asy + C_1 p \tag{7-9}$$

其中，C_1 是泄漏系数，其与作用在活塞上的不同压强 p 成比例，p 是压强变量。方程（7-9）中的第一部分是使得活塞移动速度达到 sy 时所需的液体流速。

消去变量 p，q，x 并进行化简整理，得到整体的传递函数为

$$y = \frac{\dfrac{a+b}{b} e}{\dfrac{b}{aK_1} \dfrac{MC_p + MC_1}{A} s^2 + \dfrac{b}{aK_1} \left(A + \dfrac{CC_1 + CC_p}{A} \right) s + 1} \tag{7-10}$$

方程（7-10）为之前章节中详细讨论过的一个二阶传递函数。代表响应速度的自然频率可以由分母中 s^2 的系数得出，阻尼比可以由分母中 s 的系数得出。如之前章节中讨论过的，二阶传递函数的重要特性为稳定性，然而阻尼比可能会变得过小从而导致额外的振荡。自然频率与阻尼比可以由下述方程得到

$$\frac{1}{\omega_n^2} = \frac{b}{aK_1} \frac{MC_p + MC_1}{A} \tag{7-11}$$

$$2 \frac{\xi}{\omega_n} = \left(A + \frac{CC_1 + CC_p}{A} \right) \frac{b}{aK_1} \tag{7-12}$$

可以看出阻尼比随漏率与粘性摩擦的增加而增大，运动部分的整体质量会减小自然频率，为得到期望的性能，仅有的可变参数是距离 a，b。

鼓励读者自行计算得出整体的传递函数以确保此处书中给出的传递函数是正确的。

在推导传递函数（7 - 10）时假设了油液是不可压缩的。当物体高速运动时，油液的可压缩性不能被忽略，事实上，它会对响应产生重要的影响。因此，在这种情况下，就必须要考虑油液的可压缩性，这使得传递函数变为三阶，且稳定性成为一个重要的问题。油液可压缩性的影响将在下一节讨论，且同样可以应用于流体方程。鼓励读者在阅读完下一节后重新推导所讨论的伺服系统的传递函数。

在一些超高性能应用中，可能需要考虑传动机构的柔性，步骤与直流伺服电机应用的推导相同。这种情况下推荐使用状态空间描述控制微分方程，这样就不必得到全部的传递函数，状态变量可以直接用作反馈。本章中讨论的机构控制器可以由电动液压伺服阀代替，这在下一节将会讨论。

7.3　电动液压伺服阀

电动液压阀是一种在毫伏范围内将电压转变成高压油液流速的装置，截面图如图 7 - 2 所示[1]。

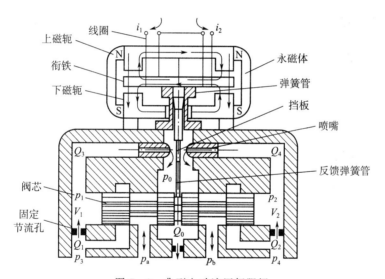

图 7 - 2　典型电动液压伺服阀

如图 7 - 2 所示，伺服阀中有两部分。一部分是磁力矩结构，另一部分是换向阀。在磁力矩电机中，有一个磁性的或是普通的舌门连接到两个孔上。当磁力矩电机通电时，舌门向孔方向移动，这引起阀后的压力增加，并推动换向阀运动。换向阀的两端是弹性负载，由于磁流的作用，换向阀随着预置的高压油液移动到固定位置。当阀门移动时，高压油液从阀门一端流向负载侧，如电机。当磁场方向变为反向时，阀门会向相反的方向运动。这样会关闭一侧的出油孔，其他的出油孔开通，使得高压油液流入其他出油孔。最终油液流回油箱，然后被再一次泵出。

---

① 原著中此图不清晰，换图代替之。——编者注

　　读者需知道，伺服阀的种类有很多，但是工作原理与上面阐述的都是一样的。其中有一些在换向阀中使用内部反馈来代替弹簧。伺服阀的重要动态性能应当由厂商提供，这些性能应该以伺服阀的频率响应或是阶跃输入响应的形式呈现。从响应中可以得到一个近似的传递函数。重要的工作点都在低频范围内，因为在高频范围内，由于换向阀质量的原因，阀门无法进行响应。

　　图 7 - 3 所示为典型伺服阀的频率响应。

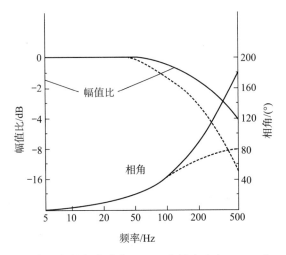

图 7 - 3　典型电动液压伺服阀的频率响应（——为精确响应；------为一阶惯性环节响应）

　　图 7 - 3 所示的频率响应为无量纲形式，图中表明，在低频时，相角延迟很小，且幅值比保持在常数值。高频时，幅值比快速下降，相角延迟增加。参考频率响应，动态性能最简单的模型可以近似为一阶惯性环节

$$q = \frac{A}{\tau s + 1} v \qquad\qquad (7 - 13)$$

　　在式（7 - 13）中，A 是比例常数，τ 是时间常数，参数 A 可以通过力矩电机给定电压下的流速得出，时间常数可以通过频率响应近似得到。所有的参数须由厂商提供。频率响应显示出，在高频区域内，相角延迟超过 90°，这表明，更好的模型应该为二阶传递函数。由于液压伺服电机的响应比伺服阀慢很多，上述给出的模型对于伺服阀来说已经是一个精确模型了。在一些高性能要求应用中，二阶传递函数更为精确。传递函数的参数，即自然频率、阻尼比、增益等需通过频率响应或阶跃输入响应来确定。厂商需提供频率响应或阶跃输入响应，然后通过参考二阶传递函数的典型特性，可以得到上述参数。

7.4　液压伺服电机

　　液压伺服电机有很多种，如放射式的、齿轮式的以及轴向活塞式的。在高性能系统中，最常使用的是恒流输出的轴向式液压伺服电机。这是因为其具有超高的精度、低质量功率比以及优良的性能。图 7 - 4 所示为轴向活塞式电机原理图，图 7 - 5 所示为其典型的

静态性能参数。

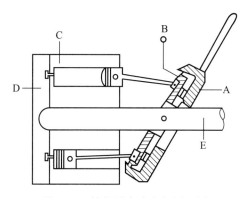

图 7 - 4　轴向活塞式电机原理图

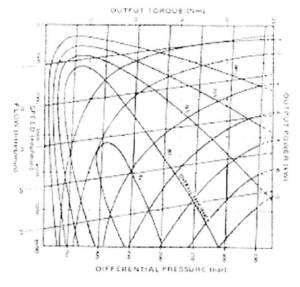

图 7 - 5　典型轴向活塞式电机静态特性[①]

　　在轴向活塞式电机中，有一个控制电机最大速度的旋转斜盘凸轮，因为转子的每一次旋转都对应油液的特定流速。通常旋转斜盘对于特定应用是固定的。当高压油液连接到进油口时，会产生一个轴向的力，这个力使得转子旋转。需要反向旋转时，高压油液连接到另一进油口，这通过电动液压伺服阀实现。为了降低液压油的可压缩性，伺服阀与电机以最短的距离连接。为了理解伺服电机的工作原理，最好思考如何将其当作泵来使用。工作过程可以想象成将高压连接到电机上。

　　轴向活塞式伺服电机中有若干活塞。为了便于理解其工作原理，只显示出了在两个末端的两个活塞。

---

　　①　原著中此图不清晰。——编者注

在图 7-5 中，标注出了一些参数，其中需要关注的重要特性为转速-转矩特性及整体的效率。

虽然只解释了轴向活塞式电机的工作原理，其他液压伺服电机也有相似的静态特性。介绍这些的目的是使读者对液压伺服电机有一定了解，且让读者在决定使用液压伺服电机时对需要关注哪些指标能有一个参考。

在机械工具的大多数应用中，旋转斜盘凸轮的角度保持恒定，流量由电动液压伺服阀控制。稳态时，电机的速度取决于油液流速

$$q_m = C_m \omega_m \tag{7-14}$$

其中，q_m 是流速与工作点之间的偏差，C_m 是电机的排量（一个完整旋转排出的油量），ω_m 是电机的速度。为了使得流体方程完整，需将压缩系数与泄漏量添加到方程（7-14）中。泄漏量正比于电机进油孔与出油孔之间的压差，且其通常为零

$$q_1 = \lambda_m p \tag{7-15}$$

其中，λ_m 是电机的泄漏系数，通常由厂商提供。当油液从电机中以高压流出时，由于油液在高压时具有轻微的可压缩性，油液的体积将会产生压缩。相关压力范围为 3 000 psi（100～150 bar）。在标准气压 p 下，根据以下关系，油液的体积 $V_\circ$ 在大气压下会减小到 V

$$V = V_\circ \left(1 - \frac{p}{B}\right) \tag{7-16}$$

其中，B 是压缩体积系数。应注意到，$V_\circ$ 是油液的总体积（包括出油孔与进油孔中的油液）。因为尽管进油侧流过的是高压油液，在出油侧，高压油液流出且油液膨胀使得运动连续。不同压力下的体积改变比率可以通过方程（7-16）关于压力的一阶微分计算得到，流速可以通过关于时间的微分得到

$$\frac{\mathrm{d}}{\mathrm{d}p} V = \frac{-V_\circ}{B}$$

或

$$\frac{\mathrm{d}}{\mathrm{d}t} V = \frac{-V_\circ}{B} \frac{\mathrm{d}}{\mathrm{d}t} p \tag{7-17}$$

因此，高压时的整体流速方程写作

$$q_m = C_m \omega_m + \lambda_m p + \frac{V_\circ}{B} \frac{\mathrm{d}}{\mathrm{d}t} p \tag{7-18}$$

类比 q_m 和电压（V），p 和电流（I），方程（7-17）类似于电机的电压方程。考虑到转子与电源之间的机械损失，电机的转矩方程可以写作

$$T_m = \eta_m C_m p \tag{7-19}$$

其中，η_m 为电机的效率，从数学建模的角度考虑，可以将其当作 1。方程（7-19）同样类似于直流电机的转矩方程。

以上分析表明，得到的电动机的数学模型可以用于液压电机。虽然上述分析是基于液压轴向型电机进行的，对于其他类型的液压电机及传动机构同样有类似的结果。

数学模型的复杂程度通常取决于应用。在上述情况中，也考虑了油液的可压缩性。在一些应用中，这个影响就像电动机的电感一样，可能被忽略。这完全取决于工程师的判断，判断哪种影响在系统性能中占主导位置。例如，对于上一节讨论的线性传动机构，可能会考虑油液的可压缩性，这使得传递函数的阶数加一。这种情况下，必须解出特征方程根的具体数值。必须调整控制器的参数使得所有的根都落在 s 域内期望的位置。

对于速度控制来说，须使用如速度计之类的速度反馈。对于位置控制来说，须使用可变电阻或数字编码器。对于复杂的模型来说，状态空间法对于研究系统的性能更加方便。对于机械系统来说，由于系统中噪声的存在，须避免在控制器中使用微分环节。

7.5　不同条件下电动液压伺服电机暂态性能的数值研究

其他研究者的研究表明，上一节得到的线性化模型给出了一个令人较满意的电动液压伺服电机动态性能模型。本节研究来自 Lucas Fluid Power 的液压轴向活塞电机 pm60 的性能。电机的详细说明如下：

公称排量		$4.55\ cm^3/rev$
流量		$4.55\ L/min$
最大转速（满负载）	峰值	$6\ 000\ r/min$
	持续值	$4\ 000\ r/min$
最大压强	峰值	$350\ bar$
	持续值	$280\ bar$
输出转矩（280 bar, 3 000 r/min）		$17.5\ N \cdot m$

该电机最大的额定功率高达 12 kW，电动液压伺服阀的特性如图 7 - 3 所示，时间常数为 0.001 6 s。对于不同应用中的速度及位置控制模型，使用修改过的直流电机的数学模型研究该电机的性能。

如在直流伺服电机章节中讨论的，可以考虑多种控制策略，这取决于要求的性能。对于高性能要求的应用，必须考虑传动轴的柔性。须研究使用附加在比例和微分控制方法上的补偿方法的最优性能，如加速度反馈及超前滞后网络等。要避免使用加速度反馈，因为机械信号中包含大量噪声。如果不得不使用加速度反馈，必须将高性能速度计中得到的速度进行微分，这时须在加速度信号中添加一个低通滤波器。对于复杂系统，即超过三阶的系统，需要使用之前章节中讨论过的状态变量反馈。

本例中考虑一个五阶系统，使用比例积分控制及超前滞后网络使得特征方程的主导根移动到 s 平面上期望的位置。响应中非主导的其他根必须是小阻尼稳定的，这个阻尼确保系统响应中的高频信号消失。

　　伺服电机中的大惯量会引起很多问题，在液压电机中同样研究了这一影响，图 7 - 6 所示为速度控制下的结果。对于每一个负载惯量，都要调整控制器的参数以得到一个较满意的响应特性。负载惯量使用转子惯量的百分比来表示，以确保对比于负载惯量，存在一个参考惯量（转子惯量）。

　　图 7 - 7 所示为不同负载惯量下外部转矩单位阶跃输入的影响。可以看出大负载惯量下的速度衰减小于小负载惯量下的速度衰减。由于控制器中存在积分环节，所以稳态误差为零。

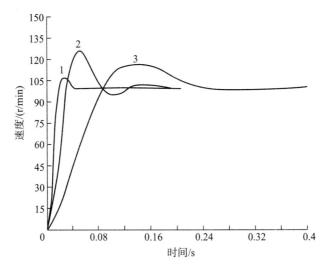

图 7 - 6　液压电机对速度阶跃输入的响应

曲线 1—负载惯量为零；曲线 2—负载惯量为 0.0024 kg·m²（转子惯量的 300%）；

曲线 3—负载惯量为 0.008 4 kg·m²（转子惯量的 1 000%）

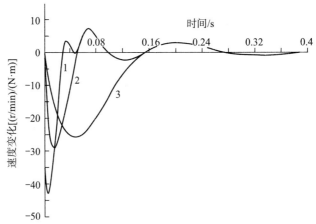

图 7 - 7　液压电机外部转矩单位阶跃输入下的速度变化

曲线 1—负载惯量为零；曲线 2—负载惯量为 0.002 4 kg·m²（转子惯量的 300%）；

曲线 3—负载惯量为 0.008 4 kg·m²（转子惯量的 1 000%）

　　应该注意到，图 7-6 所示的响应仅适用于速度变化很小的情况。阶跃输入很大时，电机产生最大转矩，加速惯性负载接近最终的速度，过程中依据系统的动态模型减速直至稳定。上述例子中，传动机构的柔性非常小，这也是为什么振荡的高频部分没有在响应中显现。

　　图 7-8 所示为不同自然频率下传动机构的典型单位阶跃响应。

　　可以看出随着传动机构自然频率的减小，其响应特性成为阶跃输入响应的主导。在图 7-8 中，显然存在两对复数根及一个负根，这表明特征方程为五阶。当然，每次负载变化时，参数都要随之改变以得到对于输入信号变化的令人满意的响应。首先要定义需满足的较理想条件，然后尝试改变控制器的参数来满足这一要求。

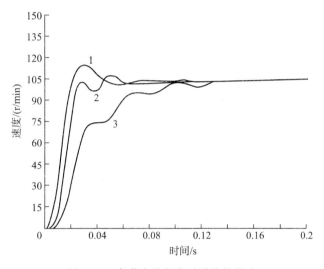

图 7-8　负载自然频率对系统的影响

曲线 1—自然频率为 140 Hz；曲线 2—自然频率为 40 Hz；曲线 3—自然频率为 30 Hz

　　在速度闭环控制下研究伺服电机是一种好方法。对于闭环控制来说，速度闭环系统的超调应非常小。然后使用比例控制器使得位置控制闭环。使用这种方法，需要调整控制器的增益以得到较满意的位置控制性能。图 7-9 所示为典型的阶跃输入响应。

　　外部转矩单位阶跃输入的位置响应如图 7-10 所示。

　　需要注意的重要特性为位置控制响应比速度闭环慢得多。其原因是，位置为速度的积分，所以响应比较慢。第二个特性为当负载惯量增加时，动态速度下降更大。由于系统中存在积分，所以稳态误差为零。对于一个较好的位置控制来说，即响应更快，位置误差更小，则需要引入加速度反馈。因为没有加速度传感器，所以需要将速度信号进行微分然后反馈。这种情况下必须使用一阶或二阶低通滤波器。滤波器不能过滤低信号噪声，这种情况下不能使用加速度反馈。鼓励读者推导其数学传递函数，研究其性能。

　　如之前所描述的，伺服阀本质上是非线性的，使用的是线性化后的模型。考虑两种极端情况来研究非线性的影响。第一种是没有外部转矩，电机的运行速度很低的情况。这种情况下，换向阀工作在闭环位置的附近。第二种情况是电机以最大的速度运行，然后在电

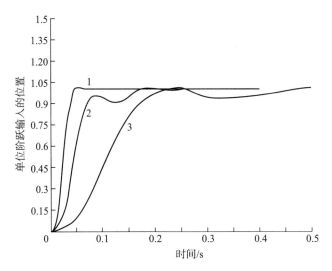

图 7 - 9　系统对于单位阶跃输入的位置响应

曲线 1—空载；曲线 2—负载惯量为 0.002 4 kg·m²；曲线 3—负载惯量为 0.008 4 kg·m²

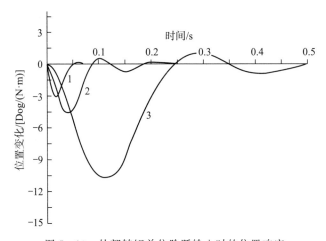

图 7 - 10　外部转矩单位阶跃输入时的位置响应

曲线 1—空载；曲线 2—负载惯量为 0.002 4 kg·m²；曲线 3—负载惯量为 0.008 kg·m²

机上施加最大转矩。第二种代表了换向阀全开时的情况。如图 7 - 11 所示，线性化的模型可以用于整个工作范围，在全部工作范围内研究其性能是十分方便的。

　　系统中也存在不能以线性化模型处理的非线性部分，换向阀中的静摩擦就是一个典型的例子。这种非线性对系统的影响很大。通常阀门厂商会使用激起换向阀小幅振荡的高频信号，这显著地减小了静摩擦。

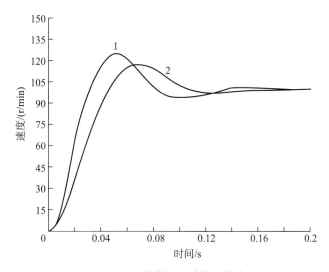

图 7-11　非线性对系统的影响

曲线 1—低速，无外部转矩；曲线 2—高速最大转矩

7.6　小结

本章中，首先研究了位置控制中换向阀、液压缸及机械传动的性能。忽略油液的可压缩性，能够得到一个二阶传递函数，其特性可由自然频率和阻尼比描述。鼓励读者研究考虑了油液可压缩性的三阶系统。其性能可以通过计算特征方程的根来判断，而改变增益的值可以得到最佳的响应。

然后研究了电动液压伺服电机。介绍了伺服电机的流体方程、转矩方程以及动态性能。模型的复杂程度取决于模型中哪部分是重要的。对于高性能要求的应用，必须考虑传动轴的柔性，最好能够在数学模型中包含传动轴柔性并加以控制，进而取代设计一个刚性系统的做法，刚性系统使得系统非常的笨重继而需要更大的电机。

使用五阶传递函数进行了具体数值的研究。给出精确的模型并不是最重要的，这一研究旨在表明，当解出了系统方程并调整了控制器的参数时，能够得到何种预期的响应。作者使用自己写的一段程序来计算特征方程的根，并使用部分分式的方法得到精确的计算结果。这个程序写于很多年以前，不推荐使用的原因是现在已经有了可以使用的标准的商业数学软件。作者已经在之前的章节中使用了 MathCAD 软件来解特征方程的根。这些在设计伺服电机时十分重要，当系统设计了合适的控制器后，可以通过定义一个简单的回路以及时间步长来得到瞬态响应。选择用于数值积分的时间步长时必须考虑系统中存在的更快的自然频率。

第8章　基于电流变液的作动器

8.1　概述

电流变液是一种特殊的液体，由液体中含有悬浮的可通电粒子的液压流体构成。电流变液的重要特性为，当其放在两块间距为 h（通常小于 1 mm）的金属板之间时，给两块金属板通电，流体会变硬，据研究，其剪切应力通常为 2 kN/m²。如图 8-1 所示，施加的电压范围为 4 kV/mm。电流损失非常小，大小为几个毫安级别。

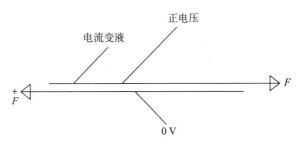

图 8-1　典型电流变液填充的金属板结构

当金属板的缝隙中充满电流变液且通以电压时，流体会变硬，可以观察到板间承受了一个阻力 F。阻力的大小为板间隙的尺寸、施加的电压以及使用的电流变液的种类的函数。市场上可用的电流变液有很多种，对于给定的板间隙、电压，其最大的剪切应力各不相同。电压不能升得过高，因为可能会在板间产生电火花。施加在金属板上的力取决于板间隙及流体。研究表明，电压没有改变流体的粘性，但是会在流体中悬浮的粒子间形成束缚，阻止液体流动。这种情况下，电流变液有很多潜在的应用，例如阀门、联轴器及可变的阻尼器。目前，由于其对于温度的敏感性以及整体的屈服应力限制，仅应用于实验室的测试装置，在不久的将来可能会出现一些实际的应用。本章给出了最新的有关电流变液剪切应力及阀门状态的工作特性的数据信息，涵盖了处理流体的数据以及剪切应力模型的实验。本章中给出的信息是辨识方法与数据处理方法的结果，对使用的方法会进行简要的说明，但是在本章中只会给出结果。

8.2　电流变液的潜在应用

8.2.1　阀门

与电流变液有关的一个应用是可以将其当作阀门使用。这种情况下，可以使用电流变液代替液压油液。目前，为了得到电流变液阀门的稳态与暂态性能，已经完成了一些实验室实验。典型的电流变液阀门如图 8-2 所示。由两个同心的气缸构成，将高电压接到内、外两个气缸上。

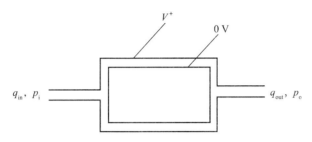

图 8-2　电流变液阀门的截面图

阀门的长度及直径取决于电流变液的最大剪切应力。内、外气缸的板间距 h 取决于若干参数。高电压使得间距 h 限制在一个较大的距离。目前研究的板间距在零点几毫米到一毫米之间，下一节将会介绍。

8.2.2　电流变液联轴器及闭锁式作动器

设计电流变液联轴器的方法有两种，一种是圆盘型的，另一种是气缸型的，如图 8-3 和图 8-4 所示。

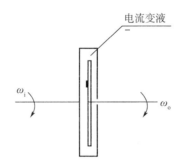

图 8-3　圆盘型联轴器截面图

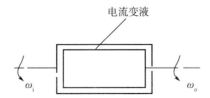

图 8-4　轴向型典型电流变液联轴器

在这两种设计类型中，旋转部分（输入）连接到合适的电机上。因此，电流变液应工作在一个自然冷却系统中以避免产生额外的热量。在圆盘型设计中，径向剪切应力乘以半径即可得到最大扭矩，乘以半径的剪切应力须对整个接触区域积分。这比轴向部分的转矩负载能力更好。

这一练习留给读者去研究。在轴向型设计中，假设剪切应力在板间隙中为常数，转矩负载能力可以通过将接触区域的剪切应力乘以半径得到。

8.2.3 基于电流变液的可变阻尼器

阻尼器通常由两部分组成：气缸及内部移动的活塞。使用电流变液，可以制成一个可变阻尼器。原理如图 8-5 所示。

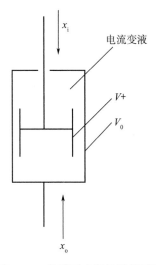

图 8-5　典型可变阻尼器截面图

气缸包含活塞的一部分或是全部的活塞。高电压连接到活塞上，通过改变电压得到一个可变阻尼器。产生的力取决于阻尼器的尺寸以及电流变液的剪切应力。

8.3　流体模型中电流变液的特性

本节中给出的数据源自一个阀门上进行的测试，阀门的外形尺寸长为 60 mm，直径为 60 mm，板间距为 0.5 mm。测试使用的流速分别为 3 L/min，9 L/min，15 L/min，测量流体经过阀门时压力的衰减，同时测量高电压阶跃输入时的电流。类似的，使用幅值为 50V 的正弦电压，该电压叠加到不同幅值、不同频率的基波电压上，压力的衰减及电流记录在一台高速计算机上。显然，从上述测试中收集到的数据量十分大，因此，此处只给出用于设计目的的重要特性。

电流变液阀门的一个重要特性为稳态值下的电压电流关系，如图 8-6 所示。可以看出，电压电流关系是非线性的。在一些文章中研究表明，电压、电流存在非线性关系，且提出了形如 $V=RI^2$ 的二次幂关系。作者认为，存在 $V=RI$ 的线性关系，非线性的存在是由于使用不同电压时，流体阻力会发生变化。

阻力引起的流速微小变化是可以忽略的，显然，流速引起的电流微弱变化也可以忽

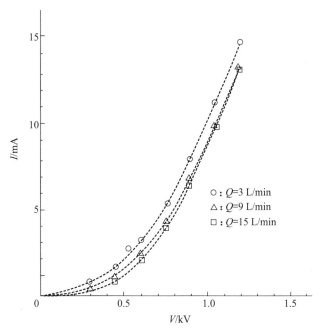

图 8 - 6　流体模型中电流变液的稳态电压电流特性

略。这对于设计流体模型中液体用的供电电源十分有用。

　　为了设计供电电源，必须知道电压与电流的动态关系。这一关系可以通过观察电压阶跃输入时的电流得到。如图 8 - 7 所示，可以看出施加电压时，电流快速上升至较大的数值然后再下降到稳态值。叠加到常数基波电压上的正弦电压关系（此处没有给出）表明，电流超前于电压。

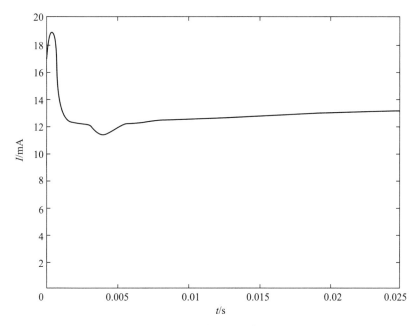

图 8 - 7　电压阶跃输入下的典型电流响应

　　这表明会存在一个充电的现象，这一点可以从电压阶跃输入响应上预测得到。因此，一个较好的电路模型应该为电容并联电阻的形式。

　　电流变液电气特性的简化模型如图 8－8 所示。依据使用电压频率不同，上述电阻与电容都是可变的。使用辨识方法通过叠加到基波上的正弦电压响应，确定 R、C 的值。R、C 值的确定如图 8－9 和图 8－10 所示。

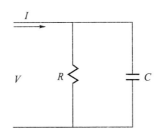

图 8－8　电流变液电气特性的简化模型

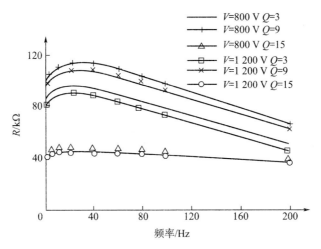

图 8－9　不同激励频率下的电阻估计值

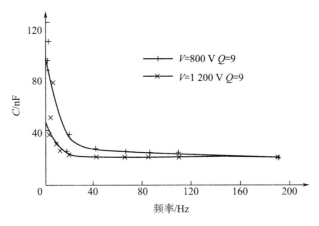

图 8－10　不同激励频率下的电容估计值

图 8-9 和图 8-10 所示为两个基波电压分别为 800 V 及 1 200 V 且在不同流速下的数据。可以看出 R、C 的值取决于基波电压与激励频率。随着激励频率的增加，电阻值迅速上升然后衰减，在高频区域达到稳态。高压时的阻值会比低压时的阻值小。这是在电压电流稳态关系中观测得到的数据。

初始的电容值很大，但其快速下降，在高频时达到稳态。同样，电容值与流速无关，且在高压时会变小。图 8-9 和图 8-10 有助于供电电源的设计。供电电源需要具备将电流短时间内快速升到稳态电流的十倍的能力。换句话说，其必须能够限制最大电流以避免电子元器件过度发热。对于要求快速响应的应用，供电电源必须能够在非常小的时延下产生高电压。

电流变液在流体模型中的另一个重要特性为不同电流下稳态时通过阀门的压强衰减，如图 8-11 所示。

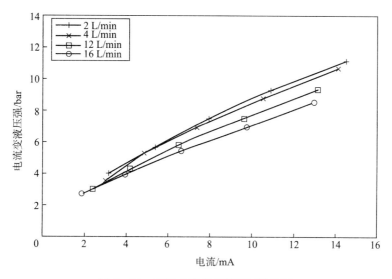

图 8-11　不同电流下的稳态压强衰减

图 8-11 表明，稳态时经过阀门时的压强衰减与电流之间存在一个近似线性的关系。流速对这些现象几乎没有什么影响。电流经过阀门时的暂态性能也是我们关心的，如图 8-12 所示。

可以看出在瞬态响应中有两个截然不同的现象。一个是呈指数增长的一阶延迟环节，另一个是二阶传递函数的响应。当传递函数串联时会产生这种响应。

上述分析表明电流与输入电压之间存在传递函数，压强衰减与电流之间存在另一传递函数。可以通过假设电流响应比压强快得多，进而得到压强衰减与电流之间的传递函数。因为电流响应非常快，所以可以进行这样的近似处理。在图 8-12 中，可以认为这是加以电流后的压强响应。

从图 8-8 中可以看出，电流与电压之间的传递函数可以写作

$$I = \frac{RCs + 1}{R} V$$

$$(8-1)$$

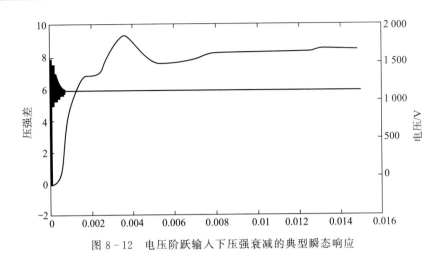

图 8 - 12　电压阶跃输入下压强衰减的典型瞬态响应

式（8 - 1）表明传递函数中有一个超前网络。当在 $s = 0$ 的稳态时，电流达到稳态值 V/R。初始时施加电压，电流快速上升然后衰减到稳态值。式（8 - 1）可以写作方框图的形式，如图 8 - 13 所示。

$$\frac{RCs+1}{R}$$

图 8 - 13　电流变液电气模型方框图

R、C 的值是可变的，取决于不同的工作点。观察图 8 - 12，压强衰减与电流之间的关系可以近似为

$$p = \frac{K}{(\tau s + 1)\left(\dfrac{1}{\omega_n^2}s^2 + 2\dfrac{\xi}{\omega_n}s + 1\right)}I \qquad (8 - 2)$$

使用第 1 章及第 3 章讨论的特性可以从图 8 - 12 中直接得到时间常数、自然频率及阻尼比。换句话说，辨识方法可以用于得到一个更精确的模型。式（8 - 2）以方框图的形式表示，如图 8 - 14 所示。

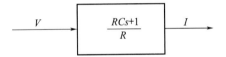

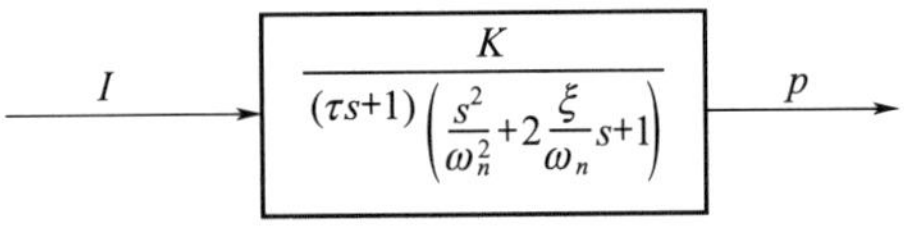

图 8 - 14　压强衰减与电流的方框图

图 8 - 13 和图 8 - 14 可以用一个独立的方框来表示。从在简单阀门上进行的测试实验可以看出，压强响应与流速无关。因为已经得到了数学模型，所以可以使用各种控制策略，如比例控制或比例积分控制，使用电流反馈会增加动态响应的阻尼。这一练习留给读者进行研究或是可以作为毕业设计课题。获得所有参数的辨识过程可以作为硕士期间的研

究课题。这一练习可以在不同流速、电压及板间距时重复进行。

　　另一个研究领域为研究不同阀门长度、直径下的阀门特性，尽管这些特性可以从上述分析中预测出来。

8.4　剪切模型下电流变液的特性

　　本节中给出的数据源自一个外形尺寸长为 60 mm、直径为 60 mm、间隙为 0.5 mm 的轴向联轴器。这是为了保证电流变液在剪切应力模型中可以与其在流体模型中做对比。将驱动器连接到一台较大的交流电机上，使得电流变液联轴器触发时，速度衰减最小。在驱动侧连接电磁制动器，以施加所需的扭矩作为负载。设计的联轴器能够传输 2 N·m 的转矩。其电压电流的稳态特性与电流变液在流体模型中类似。如图 8 – 15 所示，可以看出电流与电压的关系是非线性的，转速对该特性几乎没什么影响。应注意到，在该实验中，被驱动的一侧保持静止。因此可以得出结论，非线性阻力也适用于剪切模型。电阻 R 值可能不同于电流变液在流动模型下识别出的数值。这可以当作一个课题进行研究。

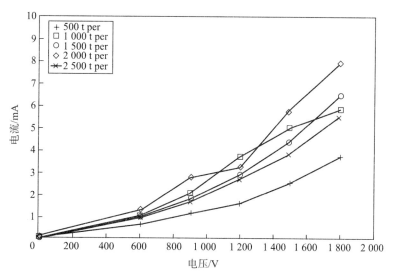

图 8 – 15　转速变化时的稳态电流-电压特性

　　另一个关心的特性为电流变液电压突然阶跃变化时的电流瞬态响应。如图 8 – 16 所示，可以看出电流快速上升至很大的值，然后以指数下降的速度回归稳态值。图中标出的时延 t_e^* 非常小，可以忽略不计，且其可能是由仪器误差引起的。电流响应表明存在一个充电的现象。因此，基于电流变液在流体模型中建立的电气模型同样适用于在剪切模型中的电流变液。电阻、电容的值可能与电流变液在流体模型中不同，这一课题还没有进行详细的研究，可以作为博士研究课题。对此，必须使用叠加到不同基波电压上的正弦激励，可以通过确认所有频率处电流、电压的幅值及相位角，得出电阻、电容的值。或换句话说，辨识方法可以用于在电流变液剪切应力模型中确定更精确的电阻、电容值。电阻、电

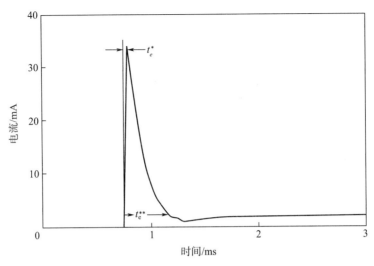

图 8 - 16　剪切模式中电流变液的电流阶跃响应

容值无法从电压的阶跃响应中得到，因为其值是电压的函数。对于非线性特性，即电流响应中的负脉冲信号可以用 R、C 的非线性模型来解释。作者已经研究过其性能，且非线性特性解释了电流响应中的负脉冲信号。感兴趣的读者可以参考已发表的文章。

　　此外，另一个关心的特性是电压阶跃输入时的转矩响应。因为难以获得高速的力矩传感器，所以使用的是动态特性已知的力矩传感器。对从该力矩传感器中得到的数据进行处理，得到转矩响应。此处不对数据处理方法进行阐述，因为这不在本书的讨论范围内，这里只给出结果。图 8 - 17 所示为电压阶跃输入下处理过的力矩传感器数据。

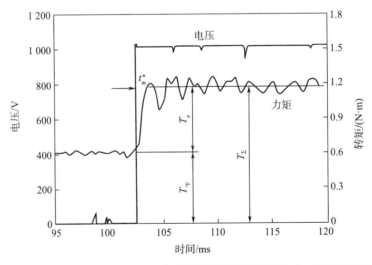

图 8 - 17　从力矩传感器中所得数据提取出的电压阶跃输入时的转矩响应

　　可以看出响应类似于流体模型中的压强。存在一个短暂的传递延迟，然后转矩快速上升。转矩响应中也表现出了电流变液的二阶特性。对存在的低频振荡没有进行解释，这一振荡可能是由于静摩擦产生的，因为粒子间的束缚被持续破坏，并重复进行着形成、破坏的过程。剪切应力模型中电流变液遵循塑流准则，因此，这一振荡没有特意提出来。

　　然而，对于剪切应力模型及流体模型中的电流变液的比例控制与比例积分控制来说，仍然有很大的研究空间。

8.5　小结

　　本章中，讨论了若干电流变液的特性，同时提出了一些电流变液易于实现的应用。通过了解屈服应力的最大值，可以设计出多种电流变液设备。市场上已有一些可用的屈服应力不同的电流变液，对于更大屈服应力的电流变液的深入研究正在进行。感兴趣的读者可以阅读关于电流变液各种特性的出版物。

　　本章还讨论了流体模型与剪切应力模型中电流变液的稳态特性与动态特性，这有助于电源及电流变液设备的设计。同时推导出了电流变液在流体模型下的数学模型，在剪切应力模型中，也能得出类似的模型。感兴趣的读者可推导剪切应力模型中电流变液的数学模型。这些模型有助于设计者研究所设计设备的闭环性能。

　　在设计系统之前，也应研究电流变液的其他特性，如电流变液的磨损、耐久性、可重复使用性及稳定性等。电流变液的另一重要特性为温度相关性。我们已经知道随着电流变液温度的升高，电流会快速上升。在流体模型中，液体温度通过冷却系统保持在一个恒定值。而在剪切应力模型中，实验只进行了很短的时间。这也是一个值得涉足的研究领域，以得出温度对液体动态性能的影响。

第9章 伺服电机的选择与比较

9.1 概述

依据实际的需求选择合适的电机时，需要考虑很多因素，例如响应速度、精度以及由外部扰动引起的动态误差等，此外，还需要考虑成本、可靠性以及可用性等因素。在之前的章节中已经讨论了多种伺服电机的动态特性，也通过得到的数学模型研究了电机动态性能。在本章中，将给出一个系统的方法，基于大量精简的性能图表进行电机的选择。

市面上生产出来的伺服电机有各种不同的形式、额定转速及重量。在一些应用中，出于增大输出转矩及减小相对于电机的负载惯量这两个原因，需要使用减速器。因此，对于不同种类的电机进行对比并不容易。为了帮助设计者选择伺服电机，本章将会试着介绍一些通用的可参考的变量，尽可能去对比不同类型的电机。

近年来，对于提高伺服电机的性能已取得了可观的成果，且在一定的额定功率范围内，可进行对比的可用伺服电机的种类也有很多。目前，液压伺服电机因其高功率重量（尺寸）比变得通用。然而，杂质的影响以及必须使用液压供电模块等问题，使得设计者将注意力从液压电机转移到电动机上。同时，电动机在一定的时间内能提供更大的带负载能力，使得电机驱动结构更加紧凑，能更好地设计及封装，使得其对于用户来说更具有吸引力。

本章将对下列各种类型中功率达 10 kW 的电机进行对比。

1) 陶瓷永磁直流电机；

2) 稀土永磁直流电机；

3) 无刷直流电机；

4) 步进电机；

5) 变频感应交流伺服电机。

如之前章节中讨论的，驱动直流电机的可用供电模块有很多，有频率高达 300 Hz 的晶闸管以及频率高达 2 kHz 的 PWM 控制模块。

应注意到，对比不同种类伺服电机时只使用了经典反馈控制策略。第 4 章中提出的状态变量反馈控制策略仍为未来的研究课题，尽管其理论已经建立得十分完善了。

可用的最小的液压电机功率为 10 kW，最大速度为 5 000 r/min。然而可用的电动机的功率范围很宽，因此对于小额定功率应用，也有满足供电设备需求的伺服电机。

本章给出了针对很多参数的分析结果，这些参数以某种方式独立提取出来，因为不能十分精确地表征，所以给出了易于设计参考的一系列图表。应注意到，为了对比不同种类的伺服电机，使用的转速为 1 500 r/min。对于每种电机来说，针对输入变化不大的线性化模型，使用带有积分环节的超前滞后网络对其进行优化，以得到小信号输入及外部转矩时的动态性能。

参考图表时，将使用以下关键信息：

1）陶瓷永磁直流电机：

a）50 Hz 晶闸管桥控制；

b）150 Hz 三相晶闸管桥控制；

c）2 kHz PWM 控制。

2）交流感应电机。

3）步进伺服电机。

4）电动液压伺服电机。

5）稀土永磁直流电机。

6）有刷、无刷直流电机。

9.2　理论及性能标准

伺服反馈驱动系统包含三个部分：

1）处理小电流信号的控制器；

2）处理大电流信号的功率模块；

3）负载机构，如将高转速转化成低转速的减速器，或是将旋转运动转化成直线运动的丝杠型减速机构。

如之前章节讨论过的，从每个部分的线性关系或是线性化处理后的关系可以推导得出其数学模型。假设负载机构只有负载惯量，没有减速器，这是为了方便进行对比。负载机构取决于实际的应用。在所有应用伺服电机的控制系统中，必须考虑两个重要的动态特性：

a）控制信号的作用可能是在工作点处产生较大的位移，也可能是在工作点处产生较小的变化。本章中，无论大、小控制信号，都会对其位移特性进行研究。

b）外部扰动（如外部转矩及摩擦）的影响。

为了研究完整的动态性能，理想的情况是测试系统脉冲输入响应，因为其可以激发系统的所有模态。然而，因为其并不是切实可行的，这一测试并不是伺服电机驱动系统的常用方法。对于决定响应速度、超调量、阻尼、时间常数的控制信号，或是决定在扰动中的稳态及动态精度的外部转矩信号，应用阶跃输入会更容易些。进行比较时，假定所有的高性能伺服电机都在内部包含了转速反馈以改善阻尼及电机的刚性。前馈积分器用于实现斜坡输入的零稳态误差，放大器包含一个超前滞后网络用于动态补偿。

为了得到最佳的性能，控制器的参数如增益、补偿网络的时间常数、反馈增益等必须调整以得到快速的响应，同时将由外部转矩及输入的响应引起的动态误差减小。之前章节中讨论过，阻尼比为 0.6～0.7 的转速控制在位置控制中具有最佳的性能。同时，为了得到最大的响应速度及精度，必须在增益最大时满足这一阻尼。

为了方便系统的动态分析与优化，作者编写了一段计算程序来预测稳定性及暂态响应。这是很多年前编写的，如今已经有许多商业计算机软件如 MathCAD 供读者用于实际的应用。优化过程如下：

1）首先增加系统的增益。这会使得系统的响应速度加快，阻尼比减小，由外部转矩引起的稳态误差减小。

2）为了补偿阻尼的减小，引入超前滞后网络。滞后网络通常的作用是在系统的振动主模中引入阻尼，然而在高阶模态中，有相反的作用。超前网络的作用是在高阶振动模态中引入阻尼。

3）超前滞后网络所实现的改善存在一定限制。因为增益很大时，高阶振动模态对于系统的影响变得十分显著。带有超前滞后网络的加速度反馈，可以改善系统的动态性能，不只是在高阶振动模态中引入阻尼，而且可以避免其在系统响应中占主导地位。大多数厂家将电机电流用作准加速度反馈，通过增加电流反馈的增益，可以得到更有效的补偿及阻尼。如果采用这一方法，优化时必须考虑实际的限制，如电流的限值及电流的攀升速度。

完成了性能的优化，系统对于速度阶跃输入的典型响应如图 9-1 所示，最大外部转矩阶跃输入时的速度变化如图 9-2 所示。

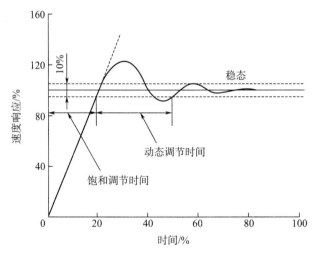

图 9-1　典型电机的最大阶跃输入响应

如图 9-1 所示，响应时间定义为输出达到终值的 95% 所需要的全部时间。其可分为饱和调节时间与动态调节时间，这些在下一节将会进行解释。从数学模型中得到的动态调节时间只适用于输入信号变化较小的情况。饱和时间响应取决于电机的最大转矩或额定转矩以及参考电机轴处的系统整体惯量。如果最大转矩与整体惯量为恒定值，则图 9-1 中的第一部分为一条直线。

外部转矩的影响以稳态时最大速度衰减的形式在图 9-2 中表示出来。由于系统中存

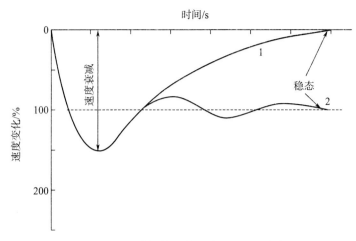

图 9 - 2　最大外部转矩阶跃输入时的速度变化

在前馈积分器，由外部转矩引起的速度变化最终会变为零。分析的结果于多年前已经经过了实验测试的证实，本书中将不再赘述。应注意到在图 9 - 1 和图 9 - 2 中，典型响应以额定转速与外部转矩的百分比表示。而每个电机的实际响应都对应具体数值，这将在下一节中用到。

9.3　结果对比与设计过程

特定应用的电机选择取决于在某些特性上的优先权，包括响应速度、对外部转矩的刚性、尺寸、投入成本、运行成本、可靠性及可利用性。本节的主要目的是介绍响应速度的对比及外部转矩的影响，使得设计者能够选择特定的电机满足动态性能要求。伺服电机的时间响应可分为两部分。

第一部分为电机工作在所限定的条件下时，线性模型中的动态调节时间。工作在限定条件表明工作状态及变量的变化都在很小的范围内，所以电机工作在如之前章节中所建立的电机数学模型描述的线性模式下。尽管不是严格精确的，为了对比，由转子惯量产生的动态调节时间（t_{r1}）可以从由参考电机轴的负载惯量产生的动态调节时间（t_{r2}）中分离出来。

第二部分为电机工作在所限定的条件下时的饱和调节时间。这表明电机以最大电流运行，因此可为稳态时大的变化提供一个恒定的转矩。静态调节时间为除电机与负载惯量外，所要求的转速变化的函数。

图 9 - 3 所示为考虑额定功率时，不同类型电机的不同尺寸。可以看出，当给定额定功率时，液压电机的体积最小，这是不包含电源需求的情况。直线表明最小的液压电机能够产生高达 10 kW 的功率。这是液压电机的一个优点。在电动机中，对于给定的尺寸要求，能够产生最大功率的是稀土永磁直流电机。当然，这也不包括电源的重量，尽管其不是很大。其次是有刷、无刷直流伺服电机。再次是交流感应伺服电机，其尺寸功率比与无

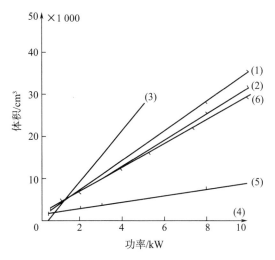

图 9-3　不同伺服电机的体积（正比于重量）对比

刷直流伺服电机相当，且看起来陶瓷永磁直流伺服电机的尺寸功率比大于交流感应伺服电机，但是交流感应伺服电机供电模块的电路较为复杂。在低功率范围内，步进电机可以与其他类型的电机相竞争，但是需要大功率时，步进电机效率较低。功率要求很小时，所有种类的伺服电机都有近似的功率质量比，因此，在这一范围内，响应速度及对外部转矩的刚性就变得更重要了。

　　响应速度主要取决于伺服系统的惯量。不考虑参考电机轴的任何惯量，只对比电机的惯量。如图 9-4 所示，可以看出，对于给定功率，液压电机的惯量最小。对比于其他电动机，无刷直流电机的惯量较小，因此，当设计关心响应速度时，无刷直流电机是液压电机的理想替代，因为小惯量意味着可以实现快速响应。步进伺服电机只用于小功率范围内，且其惯量大于液压电机、无刷电机以及稀土永磁直流电机。在小功率范围内，交流感应电机惯量较小，但随着额定功率的增加，电机惯量快速上升。同样在小功率范围内，陶瓷永磁直流伺服电机具有与其他电机相近的惯量，但是随着额定功率的增加，电机惯量同样快速上升。应注意到，为了保证相似性，本节中所对比的所有电机的最高转速都为 1 500 r/min。因为随着转速的增加，惯量会减小，但是最大转矩也会减小，这是由于电机的设计造成的。随着转速增加，惯量会减小，这意味着较高转速及较低最大转矩下，可以传输更大的功率。

　　图 9-3 与图 9-4 给出的数据是从许多厂家处得到的信息。读者必须关注这一领域的最新发展，并从上述两个曲线图中得到可用的适配信息。

　　为了区分负载惯量在性能上的影响，在没有添加任何负载惯量时，首先得出动态调节时间及饱和调节时间。换句话说，首先研究电机对于大的阶跃输入的响应，且在这一过程中假定电机产生其最大转矩。为了避免电路过热，这一假设仅适用于短时间内产生最大转矩的情况。

　　当伺服电机的转子惯量为 I_r、负载惯量为 I_l、速度变化为 ω_c 时，伺服电机的全过程

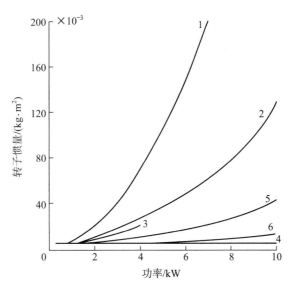

图 9 - 4　伺服电机转子惯量比较

调节时间可近似写作

$$t_a = t_{r1} + I_l t_{r2} + \omega_c t_{s1} + \omega_c t_{s2} I_l \qquad (9-1)$$

式中　　t_a ——全过程调节时间（s）；

　　　　t_{r1} ——由转子惯量产生的动态调节时间（s）；

　　　　I_l ——负载惯量（kg·m²）；

　　　　t_{r2} ——由单位负载惯量产生的动态调节时间 $[s·(kg·m^2)^{-1}]$；

　　　　t_{s1} ——由转子惯量与单位速度变化产生的饱和调节时间 $[s·(rad/s)^{-1}]$；

　　　　t_{s2} ——由单位负载惯量与单位速度变化产生的饱和调节时间 $[s·(kg·m^2)^{-1}·$
　　　　　　 $(rad/s)^{-1}]$；

　　　　ω_c ——速度变化（rad/s）。

　　使用之前章节中提出的数学模型进行仿真得出不同类型伺服电机的动态调节时间。没有负载惯量时，伺服电机的动态调节时间主要受电机可用最大转矩及转子惯量影响。没有负载惯量时，由角速度单位变化产生的伺服电机的饱和调节时间近似为

$$t_{s1} = \frac{I_r}{T_m} \qquad (9-2)$$

其中，T_m 是电机的最大转矩，I_r 是转子惯量。通过牛顿运动学第二定律求解关于单位速度变化的方程，从而得到上述方程。

　　图 9 - 5 所示为伺服电机饱和调节时间，图 9 - 6 所示为相应的动态调节时间。可以看出相比于电动机，液压电机的动态、饱和调节时间都是最短的。在小功率范围内，电动机可以用于代替液压电机。

　　小惯量的稀土永磁直流电机与有刷直流电机响应速度最快，其次是陶瓷永磁直流电机、步进电机以及交流感应伺服电机。

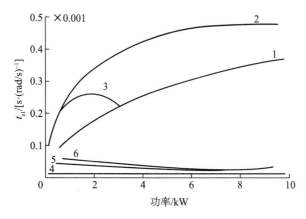

图 9 - 5　空载时速度单位变化的饱和调节时间

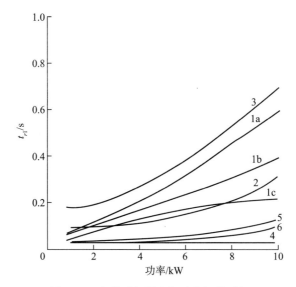

图 9 - 6　空载时伺服电机动态调节时间

图 9 - 6 表明，液压电机的动态响应最快。稀土永磁直流电机与有刷直流电机的调节时间会长一点，但是与液压电机相比相差不多。动态调节时间同样取决于使用的功率单元。可以看出，直流电机的 PWM 驱动的响应与液压电机或无刷直流伺服电机相当。晶闸管控制的直流电机响应时间较长。对比于直流电机，交流感应伺服电机的惯量较小，虽然其最大转矩更小，但与直流伺服电机相比也具有一定的竞争力。

全功率范围内，步进电机的调节时间最长。基于磁引力固有振动工作的步进电机以及控制器必须考虑在内。

由外加负载惯量产生的饱和调节时间近似值类似于电机惯量的饱和调节时间，可以写作

$$t_{s2} = \frac{I_l}{T_m} \qquad\qquad (9-3)$$

上述方程可用于计算单位负载惯量以及单位速度变化。这使得方程（9-3）对于所有种类的伺服电机具有通用性，且可用于方程（9-1）中，以获得给定应用的全过程调节时间。

图 9-7 所示为单位负载惯量及单位速度变化的调节时间。

如图 9-7 所示，小功率范围内，交流感应电机、步进电机与稀土永磁直流电机的饱和调节时间都很大。这表明，对比于转子惯量，单位负载惯量很大。液压电机的平均饱和调节时间比稀土永磁与陶瓷永磁直流伺服电机稍大。大功率范围内，电动机的饱和调节时间最短。这意味着，电动机必须匹配参考电机轴的负载惯量。

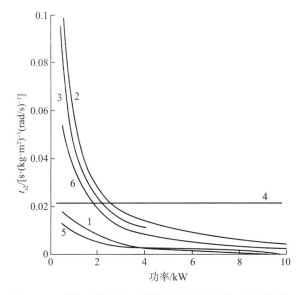

图 9-7　单位负载惯量及单位速度变化的饱和调节时间

由负载惯量产生的动态调节时间主要受电机的最大转矩能力影响。为了获得所有类型电机在不同负载惯量下的动态调节时间，进行了一系列的仿真，并将仿真结果针对单位负载惯量进行了平均及比例调整。图 9-8 显示了仿真结果，可以看出，液压电机的动态调节时间最长。这主要由于液压电机的最大转矩比电动机小得多，液压电机的惯量也比电动机小得多，其对负载惯量更敏感。步进电机的动态调节时间比其他电动机要长，因其对于负载惯量较为敏感。直流电机的动态调节时间与饱和调节时间都是最短的，因为其可以在短时间内产生大转矩。

由负载惯量产生的电动机的动态及饱和调节时间随电机额定功率的增加而减小，因为大功率电机能够带动更大的转矩。如之前所说的，单个液压电机能够覆盖高达 10 kW 的功率范围，因此结果为一条直线。为了得到更短的动态及饱和调节时间，鼓励读者研究大额定功率的液压电机的性能。应该注意到，伺服阀的特性也会影响结果。

在图 9-5～图 9-8 中，设计者通过得知转子与负载惯量以及最大速度变化，能够使用方程（9-1）推测实际电机的全过程调节时间。

在许多应用中，外部转矩引起的角速度变化是一项重要特性。图 9-9 所示为无负载

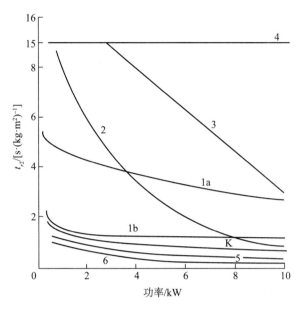

图 9-8　单位负载惯量下伺服电机动态调节时间

惯量下，转矩单位阶跃输入时动态速度的衰减。可以看出，电动液压电机的速度衰减最大，其次是交流电机与直流电机。速度恢复曲线类似于图 9-6 中的动态调节时间，表现为阶跃输入下的速度衰减主要取决于转子惯量。动态速度衰减通常随着负载惯量的增大而减小。稀土永磁直流电机与无刷永磁直流电机的动态速度衰减最小。这是因为它们在很短的时间内可以产生一个很大的转矩。

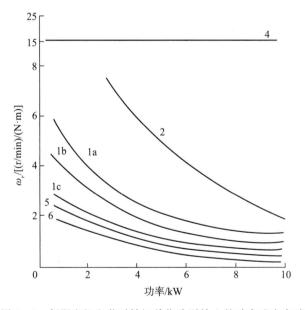

图 9-9　伺服电机空载时转矩单位阶跃输入的动态速度衰减

直流电机供电模块的类型同样对动态速度衰减有影响。可以看出，对比于晶闸管控制的直流电机，PWM 控制的直流电机的动态速度衰减更小。随额定功率的增加，电动机的动态速度衰减会变小。这是由于大电机的惯量更大，能产生更大的转矩。

动态速度衰减通常随负载惯量的增加而减小。图 9 - 10 所示为单位负载惯量及单位转矩下动态速度衰减的减小。

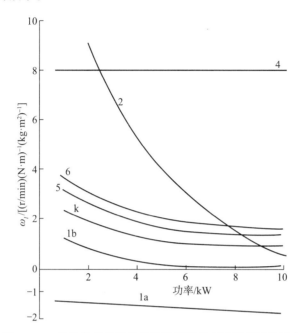

图 9 - 10　单位负载惯量及单位转矩下动态速度衰减的减小

可以看出，负载惯量显著地减小了液压电机的动态速度衰减，对于交流与直流电机来说，衰减程度更小。负载惯量对于步进电机的影响可以忽略，因为最大的误差被限制在一步之内，所以没有在图表中表示出来。因此，可以得到全部的动态速度衰减，写作

$$\Delta\omega_c = (\omega_r - I_l\omega_l)T_e \qquad (9 - 4)$$

式中　$\Delta\omega_c$——全部的动态速度衰减（r/min）；

　　　ω_r——图 9 - 9 中所示无负载惯量时单位外部转矩下的动态速度衰减 [（r/min）/（N·m）]；

　　　ω_l——图 9 - 10 中所示单位负载惯量及单位外部转矩下动态速度衰减的减小量；

　　　T_e——全部的外部转矩（N·m）；

　　　I_l——全部的负载惯量。

整体的速度恢复类似于图 9 - 6 及图 9 - 7 所示的全过程动态调节时间。在这一比较过程中，假定前馈积分器使得稳态误差为零。之前已经说过，如果在速度反馈中能够加入加速度反馈（与电机电流成比例），则能够更好地改善动态性能。图 9 - 11 与图 9 - 12 分别为转子与负载惯量产生的动态调节时间。

将图 9 - 11 与图 9 - 12 对比图 9 - 6 与图 9 - 8，液压电机与交流电机的性能得到了显著的改善。对于外部转矩的影响同样可以得到类似趋势的改善。

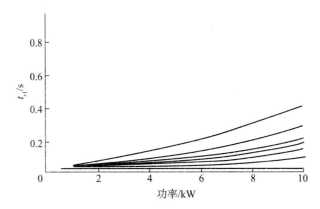

图 9 - 11　使用加速度反馈作为补偿时，伺服电机空载的动态调节时间

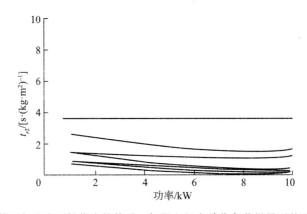

图 9 - 12　使用加速度反馈作为补偿时，伺服电机在单位负载惯量下的动态调节时间

从以上分析中，可以将设计过程总结如下：

1）计算施加到电机上的等效负载惯量。如果惯量是变化的，则考虑最差的条件，即最大的惯量。

2）计算所需的工作周期，并得出最大速度变化及其持续时间。

3）从方程 $P = T\omega$ 中得到近似的额定功率，其中 P 是功率，T 是角速度为 ω 时的外部转矩。应注意到，除外部转矩之外，对于要求的转速，需在整体转矩中增加一些转矩。

4）从方程（9-1）与图9-5～图9-8中可以得出最大速度变化下的全过程调节时间。比较调节时间与第2）步中需要的持续时间。从比较结果中能够知道，哪种类型的电机能够提供所需的性能要求。

5）从图9-9及图9-10中计算出由于施加转矩引起的速度衰减，并与容许值进行比较。

6）如果经过上述分析，仍没有电机能够提供满意的性能，那么可以增大电机的功率，从第4）步开始重复研究。

7）如果大额定功率的电机不能产生满意的结果，则必须使用加速度反馈（或是电流反馈）。使用图9-11与图9-12代替图9-6与图9-8，从第4）步开始重复研究。

从上述的分析中，也可以得出，许多伺服电机都能满足所需的性能要求。这种情况下，最终的决定可能取决于其他标准，如成本、可靠性及利用率等。

为了比较成本，必须考虑全部的驱动模块，包括控制器的性能，驱动轴的数量，与微机接口的兼容性，以及速度、位置传感器等。结果表明，在小功率的情况下，液压伺服电机的驱动单元是最贵的。其次是脉宽调制系统，然后是晶闸管控制的直流电机，之后是交流及步进电机。额定功率较大时，即额定功率超过 10 kW 时，液压电机比电动机便宜。

交流及步进电机可能是最为可靠的，因为二者都是无刷电机。液压电机也是可靠的，但是需要更多的维修保护。无刷直流电机的发展显示出其在未来应用中的广阔前景。

大尺寸的步进电机不是十分可靠。液压电机可选用的尺寸范围很小。而几乎在所有功率范围内，交流与直流电机都有可用的型号。可选用的稀土永磁直流电机与无刷直流电机都限制在小功率范围内。

9.4　伺服电机选用举例

假定设计者需要使惯量为 0.1 kg · m² 的负载在 500 ms 的时间内从零加速到 1 000 r/min。在这一转速下，对电机施加的转矩为 10 N · m，与机床的切削力等效。按照上一节中给出的分析过程，可以得到：

1）负载惯量为 0.1 kg · m²。

2）最大的速度变化 ω_c 为 105 rad/s，要求的最大调节时间为 $t_a = 0.5$ s。

3）最低功率需求为 $P = T_e\omega_c$，$P = 10 \times 105$ W ≈ 1 kW。

因此，首先选择的是 1 kW 额定功率的电机，以满足需要的响应速度。

4）计算交流电机的全过程调节时间。

从图 9-5～图 9-8 中找到额定功率为 1 kW 电机的数据，可以获得下列调节时间

$$t_{r1} = 0.1 \quad t_{r2} = 8 \quad t_{s1} = 0.22 \times 10^{-3} \quad t_{s2} = 0.07$$

代入方程（9-1）中得到

$$t_a = 0.1 + 0.1 \times 8 + 0.22 \times 10^{-3} \times 105 + 0.07 \times 105 \times 0.1$$
$$= 1.66 \text{ s}$$

对比 t_a 与所需的调节时间 0.5 s，显然 1 kW 的交流电机不能提供满足要求的响应速度。

如果将上述计算应用于 2 kW、3 kW 或是更大功率的交流电机，可以看出，5 kW 的交流电机调节时间为 0.49 s，能够满足要求的响应速度。这是由于对小型交流电机来说，负载惯量十分大。

应用式（9-4）及图 9-9 和图 9-10，可以计算出该电机对于 10 N · m 转矩的动态速度衰减

$$动态速度衰减 = (5.4 - 0.1 \times 8) \times 10 = 46 \text{ r/min}$$

5）计算直流电机的全过程调节时间。

对直流电机进行类似的分析，得出如下电机可以提供较为满意的性能的结论：

a）150 Hz 晶闸管控制的 1 kW 陶瓷直流电机，全过程调节时间为 0.45 s，动态速度衰减为 39 r/min。

b）PWM 控制的 1 kW 陶瓷永磁直流电机，全过程调节时间为 0.41 s，动态速度衰减为 28 r/min。

c）1 kW 稀土永磁直流电机，全过程调节时间为 0.27 s，动态速度衰减为 19 r/min。

d）1 kW 无刷直流电机，全过程调节时间为 0.49 s，动态速度衰减为 16 r/min。

e）其他类型的电机由于调节时间过长，不适用于这一应用。

如果动态响应是唯一的标准，可以选用 5 kW 的交流电机或 1 kW 的陶瓷或稀土永磁直流电机。显然，最终的选择取决于成本、尺寸及可靠性等。

9.5　小结

本章中，考虑了工业中常用的多种伺服电机的动态响应。为了得到最佳的性能，必须优化前向回路的增益、积分增益、反馈增益以及控制器中补偿网络的增益。当施加外部转矩时，每一种情况下的动态性能都以阶跃输入调节时间及动态速度衰减的形式表征。调节时间被分成饱和区域及动态区域，饱和区域内，电机工作在转矩有限的条件下，动态区域内，电机依据线性数学模型响应。对不同种类、尺寸的电机进行了仿真模拟，并将调节时间画在了一系列的图表中，方便设计者预测实际的电机及应用中预期的调节时间及动态速度衰减，或者是为特定的动态需求选择可替代的电机。

如我们预期的，没有电机能胜任所有的情况，伺服电机的适用性取决于其应用。下面给出一些通用的意见。

1）小负载惯量、小功率电机：对于这类应用，液压电机的响应速度最快。稀土永磁直流电机与无刷直流电机可以与液压电机媲美。外部转矩对液压电机速度的影响比电动机稍大。陶瓷永磁直流电机、交流电机以及步进电机的响应速度比液压电机与稀土永磁直流电机慢。

2）大负载惯量、小功率电机：在这些条件下，直流电机的响应速度最快，其次是交流电机、液压电机、步进电机。外部转矩对液压电机的影响比电动机的更小。

3）小负载惯量、大功率电机：这种情况下液压电机的响应速度最快，其次是直流、交流及步进电机。大额定功率时，交流电机可以媲美传统的直流电机。外部转矩对电动机的影响小于液压电机。

4）大负载惯量、大功率电机：这种情况下，电动机的响应速度快于液压电机，交流电机与传统直流电机的响应相似。外部转矩对液压电机的影响更小。

5）使用加速度反馈：加速度反馈可以改善所有类型伺服电机的性能，对于液压电机与交流电机的提升更大，但是各种电机之间的动态性能差异减小。这种情况下，比起动态特性，伺服电机的饱和性能更加影响最终的选择，因此，可用的最大转矩变得十分重要。

应该注意到，使用加速度反馈时，必须对速度反馈加以区分。因此，必须使用高性能速度传感器保证加速度反馈中没有过多噪声。必须使用滤波器尽可能减小加速度反馈中的噪声。一些厂商使用电流反馈代替加速度反馈。

如果对于实际应用，有多种伺服电机能够满足动态需求，则最终的选择取决于成本、可靠性及可用性。

本章中，给出了选择电机的过程，这仅作为选择电机的一项指导。鼓励读者通过解复杂的数学模型研究动态性能，确保选择合适的电机。

附录 A 经典反馈控制理论练习题（第 1、2 章）

本书中所有的计算都可以使用 MathCAD 软件或其他软件进行。

1. 判断下列微分方程哪些代表线性系统，哪些代表非线性系统。

a) $\dfrac{d^5}{dt^5}y + 5\dfrac{d^4}{dt^4}y + 10\dfrac{d^3}{dt^3}y + 25\dfrac{d^2}{dt^2}y = 6x$

b) $\dfrac{d^3}{dt^3}y + 10\dfrac{d^2}{dt^2}y + 50\dfrac{d}{dt}y + 100y = 6\dfrac{d}{dt}x + 200x$

c) $\dfrac{d^2}{dt^2}y + 125\dfrac{d}{dt}y + 1250y = x\sqrt{1-x^2}$

d) $\dfrac{d^2}{dt^2}y + \dfrac{d}{dt}y\sqrt{y} + 100y = x$

2. 在点 $x = 5$ 处求出下述方程的线性化模型

$$y = 120x^2$$

3. 求出下述表征阀门流体方程的线性化方程。解出阀门四个极限位置的线性化系数，四个极限位置分别为全开位置、全关位置，以及高压、低压下阀门开度 6 mm 的位置。假定液体压强为 150 bar（1 bar＝100 kPa）且阀门最大位移为 6 mm。

$$Q = C_d AX\sqrt{2\dfrac{P_s - P}{\rho}}$$

其中，Q 为流速；$\rho = 0.95$ kg/L，为液体密度；C_d 为阀门的形状因数；P 为背压；A 为阀门的截面积。假设 C_d 为 0.85。

同时计算出背压为 50 bar，阀门开度 $X = 3$ mm 时的绝对流速。

4. 下图为电磁轴承原理图，其中引力为如下非线性形式

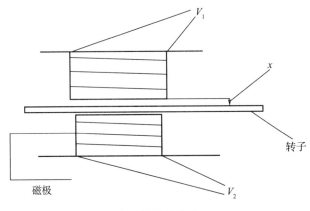

电磁轴承原理图

$$F = \frac{a}{x}$$

其中，a 是常数，其值取决于每个磁极的线圈数以及流过线圈的电流。可以看出，对于较小的间隙来说，引力反比于间距。

求出这一双变量问题的线性化数学模型。假定电流也是变量，设 $a = kI$，其中 k 对于给定的电磁轴承为常数。

计算 $I = 10$ A，$k = 100$，$x = 0.5$ mm 时的线性化系数。

5. 如下图所示，液体流出的流速 Q 为油箱液面高度 h 与出油孔截面积的函数。首先确定流速的非线性方程，然后得到与液面高度 h 有关的出油孔流速的线性化模型。确定 $h = 1$ m，液体密度为 0.8 kg/L，截面积为 $0.000\ 314$ m^2 时的线性常数。假设出口阀的形状因数为 0.85。

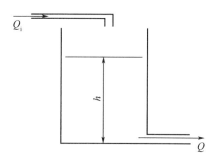

液面控制系统的原理图（控制部分略）

6. 证明第 3 题中的非线性方程。如果有困难，可参考流体力学的书籍。

7. 推导下列常用作控制系统测试函数的阶跃、速度、加速度及指数输入的拉普拉斯变换。需要使用拉普拉斯变换的定义，对于二阶、三阶函数，需要使用分部积分法。将计算结果与拉普拉斯变换表中给出的结果进行对比。

$$x = A$$
$$x = At$$
$$x = At^2$$
$$x = Ae^{-\tau t}$$

其中，A 与 τ 为常数。

8. 驾驶员与汽车可以理解为一个现实的复杂控制系统。识别出必须由驾驶员控制的若干输入、输出变量。用描述性的方框图表示出每一个控制环。将驾驶员作为控制器讨论其所完成的功能。确定每一个方框所呈现出的时延类型。

9. 飞机上也存在一些控制系统。确定由飞行员控制的若干输入、输出变量。用描述性的方框图表示出每个控制系统。从自动驾驶的角度讨论何种控制方法可以用于控制该系统。测量用于反馈通道的输出变量有多种可能的方法，请讨论这些潜在的方法。

10. 下图所示为电烤箱的截面示意图。目标为保持箱体内温度在一恒值水平。图示为开环控制。箱体的闭环特性将在书中后续讨论。

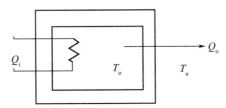

其中，Q_i 为输入到电烤箱的输入热量（W/s）；T_o 为箱体内温度（℃）；T_a 为箱体外温度（℃）；Q_o 为经过热墙的热量损失。

电烤箱中箱温关于输入热量与外界温度的传递函数如下

$$T_o = \frac{\dfrac{Q_i}{K} + T_a}{\tau s + 1}$$

其中

$$\tau = \frac{mC}{K}$$

其中，m 是箱内液体或气体的质量；C 是对应的热容；K 是热墙的传导系数。

对于 $\tau = 2$ s，分子等于 50（当 $T_a = 0$ 时）的情况，请通过部分分式法与控制理论已给出的解决方法得出箱温对于热量阶跃输入的时间响应。计算 $t = 0.2$ s，1 s，2 s，4 s，6 s 及 10 s 时的温度。讨论外界温度对所需要温度的影响。注意，外界温度作为正向干扰出现。

11. 给出反馈环节连接形式如下

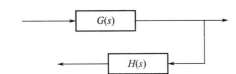

反馈通道经计算后可以将引出点前移到传递函数之前，变成如下形式

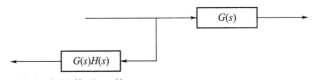

其中，$G(s)$ 与 $H(s)$ 是相应的传递函数。

12. 给出反馈环节连接形式如下

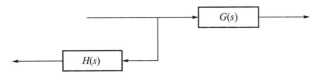

反馈通道经计算后可以将引出点后移到传递函数之后，变成如下形式

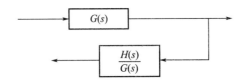

13. 使用方框图化简方法，将如下闭环系统化简成一个方框

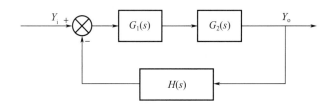

14. 使用方框图化简方法，将如下带有两个负反馈的控制系统化简成一个方框

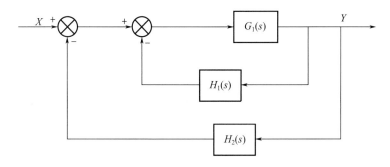

15. 将如下方框图化简成一个方框。提示：可以移动引出点或拆解求和点。

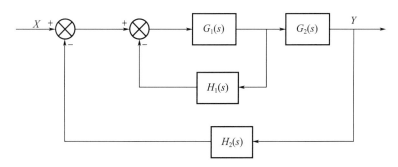

16. 一些传感器或控制系统的组成部分的传递函数可以拟作一阶惯性环节，下述传递函数是这类器件的一个典型例子

$$\frac{Y_o}{Y_i} = \frac{10}{2s+1}$$

确定时间常数并通过得出响应的两到三个重要的点来描绘阶跃响应曲线。

17. 对于一阶惯性环节系统及阶跃输入，在原点处确定响应的斜率。在这一应用中，理论上响应的增益为 A ，时间常数为 τ 。

18. 对控制系统的某一组成部分进行实验得到如下响应。可以看出这一部分可以被拟作一阶惯性环节。通过以下两种方法求出时间常数与增益：1）计算原点处的斜率；2）计算达到终值 63% 的响应，应知道该响应发生在 $t=\tau$ 的时刻。

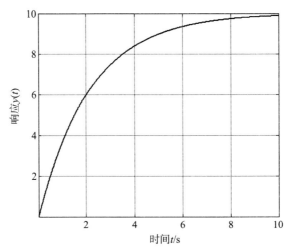

19. 传感器由如下传递函数控制。确定传感器的频率响应。可以计算幅值比及相角滞后。幅值比以分贝为单位，对于频率变化使用对数坐标，在所关心的频率范围内作图。

$$\frac{Y_o}{Y_i} = \frac{20}{0.1s + 1}$$

20. 对控制系统的某一组成部分进行实验得到如下的频率响应结果曲线。从图中计算时间常数及增益，确定传递函数并以方框图的形式画出来。

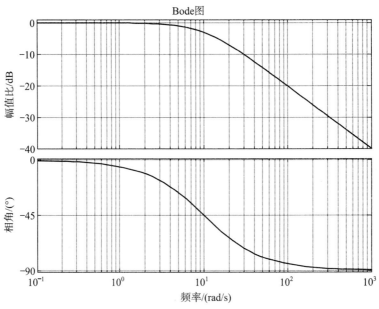

讨论为什么传递函数可以拟作一阶惯性环节。

21. 系统由如下二阶惯性传递函数控制。确定其自然频率、阻尼比及稳态增益。通过计算重要的点描绘出阶跃输入响应曲线。画出所关心的频率范围内的频率响应。可以使用 MathCAD 或其他数学软件。

$$\frac{Y_o}{Y_i} = \frac{100}{0.01s^2 + 0.02s + 1}$$

22. 下图给出了一个系统的阶跃输入响应。讨论为什么这一系统可以用二阶惯性传递函数表示。使用超调量及振荡频率的公式，计算出稳态增益、自然频率、阻尼比并得出系统的传递函数。

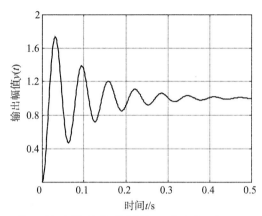

对于二阶惯性传递函数，精确的单位阶跃输入响应如下

$$\theta = \arctan \frac{\sqrt{1-\xi^2}}{\xi} + \frac{\pi}{2}$$

$$y(t) = 1 - \frac{1}{\sqrt{1-\xi^2}} \cdot e^{-\xi \omega_n t} \cdot \cos \omega_n \cdot t \sqrt{1-\xi^2} + \theta$$

23. 对控制系统的某一组成部分进行实验得到如下频率响应。应知道，提及频率响应时，幅值比与相角都依据频率变化绘制。讨论为什么这一部分可以拟作二阶惯性传递函数。确定自然频率、阻尼比、增益，并用方框图的形式描述传递函数。

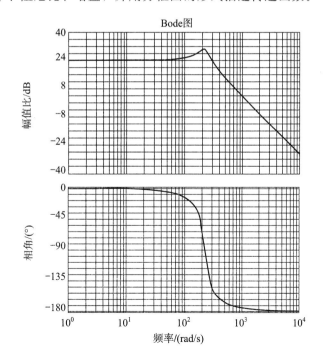

　　为了计算出阻尼比，需要从幅值比的理论解中找出最大的值。

　　24. 期望可以闭环控制第 10 题中讨论的电烤箱的温度，出于这一原因，需要使用热电偶来测量箱温，并使用负反馈，且需要使用比例控制器。控制器结构如下，将微弱信号转化成具有大电流驱动能力的高电压输出。

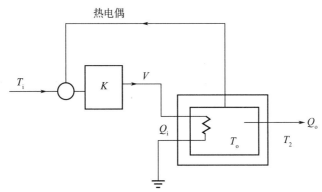

　　使用第 10 题中定义的参数，画出闭环方框图。然后将方框图化简成一个方框。确定时间常数与稳态增益。记住，这是一个双输入单输出的问题。使用叠加原理得出两个传递函数。讨论增益 K 对时间常数以及两个阶跃输入的稳态误差的影响。为了计算稳态误差，先得到误差函数，然后使用终值问题解决。箱体内器件产生的热正比于非线性的 RI^2，且为了确定传递函数，需要对方程进行线性化处理。

　　25. 使用运算放大器（简称运放）搭建一个增益为 100 的放大器。应注意，为了使得到的信号的符号是正的，需要使用两个运放串联。选择千欧级的输入电阻以最小化放大器上的拉电流。不需要设计系统电路，只需确定输入与反馈电阻。

　　26. 使用运放构成比例控制器使其增益为 100，系统方程为

$$V_o = 100(V_1 - V_2)$$

　　27. 使用运放设计具有如下一阶惯性传递函数的系统

$$\frac{\theta_o}{\theta_i} = \frac{10}{3s + 1}$$

所选电容在微法级。

　　28. 使用运放设计比例积分控制器。选择千欧级的电阻、微法级的电容。传递函数的形式如下

$$\frac{\theta_o}{\theta_i} = K_p + \frac{K_i}{s}$$

或

$$\frac{\theta_o}{\theta_i} = \frac{K_p s + K_i}{s}$$

其中

$$K_p = 100$$
$$K_i = 50$$

29. 使用运放设计具有如下超前滞后网络的系统

$$\frac{V_o}{V_i} = \frac{2s+1}{5s+1}$$

30. 使用运放设计 PID 控制器系统。系统传递函数形式如下

$$\frac{\theta_o}{\theta_i} = K_p + \frac{K_i}{s} + K_d s$$

$$\frac{\theta_o}{\theta_i} = \frac{K_p s + K_d s^2 + K_i}{s}$$

其中

$$K_p = 1\,000$$

$$K_i = 50$$

$$K_d = 20$$

应注意到选择的微分增益不能过大，因其可能会放大噪声。提示：设计三个独立的运放分别得到三部分的增益，然后设计求和点将三部分加到一起。

31. 在第 24 题中，只有比例控制器，所以始终存在稳态误差。为了实现稳态误差为零，需要在比例控制中加入积分环节。第 24 题中讨论的系统典型方框图如下所示

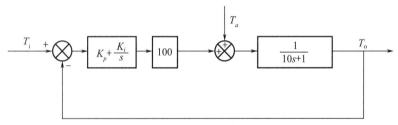

其中，T_i，T_a，T_o 分别是期望温度、大气温度（外界温度）以及输出温度。K_p 与 K_i 分别是比例增益与积分增益。使用叠加原理，分别确定关于输入-输出以及扰动-输出的传递函数。应注意到，闭环传递函数为二阶特征方程。确定比例、积分增益使得系统的自然频率为 10 rad/s，阻尼比为 0.7。并依据以上数值，确定阶跃与斜坡输入函数的稳态误差，需要使用终值定理。同时得出大气温度对稳态误差的影响。

32. 水箱的液面控制是一个简单的控制系统。控制水箱中的液面高度有很多种方法。最简单的系统是使用浮标，液面上升时阀门中液体流速降低。在这种方法中，只能控制液面高度的微小变化。为了使得液面高度在一个较宽的范围内可控，需要在水箱的侧面加一个电阻。电阻阻值随液面高度变化。这个信号与电控系统一起用于控制流经阀门的液体流速。通常情况下，使用比例控制来控制液面高度已足够。下图所示为一个简单的使用浮标控制液面高度在恒值上的一个控制系统。首先确定要求高度与液面高度之间的关系。可以通过在稳态位置假定一个小的变化来确定这个关系。以方框图的形式表示出这一类似比例控制的方程。

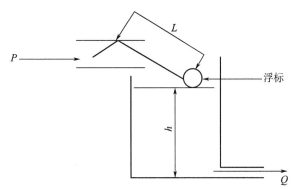

假设入口压强为恒值 50 bar，轴心与浮标的距离为 50 cm。需要将液面高度控制在 $h =$ 1 m 处。水箱的横截面积是 $0.25 \ \mathrm{m}^2$。出口流速是液面高度的非线性函数。液面高度 $h =$ 1 m 时的液体排放流量是 3 L/min。进口全开时（ $x = 2$ cm）的输入流量为 9 L/min。根据推导出的微分方程画出方框图。

假设要求的液面高度是 h_i，实际的液面高度是 h_o。虽然拟推导的是针对变量微小变化的线性化方程，但是数学方框图中没有假定小的变量变化，所以可以用于大的变量变化。如果从方框图中看，可能存在负的流速，虽然这在实际系统中没有意义。唯一的问题就是结果不能表征一个真实的系统。模型仅对工作点处小的变化有效。画出方框图后，代入具体数值得出这一双输入单输出系统的闭环传递函数。

确定时间常数及稳态增益，通过得出两到三个重要的点画出阶跃输入响应特性曲线。讨论并使用终值定理确定阶跃输入与斜坡输入的稳态误差。讨论哪些参数可以减小稳态误差，加快响应速度。如果推导正确，可以得到一个一阶惯性传递函数。同时画出这个简单控制系统的频率响应，确定频带宽度。频带宽度定义为幅值比为 0.7～3 dB 之间的频率。

33. 使用劳斯-赫尔维茨稳定判据，确定下列给出的特征方程哪些代表的是稳定系统，哪些代表的是不稳定系统。如果系统是不稳定的，在 s 域的右半平面有多少个根。

$$s^3 + 15s^2 + 66s + 80 = 0$$
$$s^4 + 19s^3 + 78s^2 - 280s - 1\,600 = 0$$
$$s^4 + 17s^3 + 87s^2 + 95s - 200 = 0$$
$$s^3 + 13s^2 + 92s + 260 = 0$$
$$s^4 - 6s^3 + 268s^2 + 6\,040\,s + 24\,000 = 0$$

34. 使用劳斯-赫尔维茨稳定判据，确定系统参数变化时的稳定条件。通常情况下，系统增益是变化的，系统中其他参数也可能是变化的，这一方法能够确定一个或几个参数变化时的稳定条件。

$$s^3 + 19s^2 + 111s + 189 + K = 0$$
$$s^4 + 100s^3 + 5\,800s^2 + (194\,000 + K_d)s + 1\,450\,000 + K_p = 0$$
$$s^3 + 150s^2 + 17\,200s + 408\,000 + K = 0$$

35. 使用数学软件 MathCAD 或其他数学软件，确定第 33 题中给出的特征方程的根，进而确认劳斯-赫尔维茨判据的准确性。

36. 计算如下特征方程随增益 K 变化时的根。计算若干点并画出根轨迹。确定哪个根主导了阶跃输入的响应，并确定主导根的阻尼比为 0.7 时的 K 值。可以使用 MathCAD 进行计算。

$$s^3 + 80s^2 + 1\,700s + 10\,000 + K = 0$$

37. 下列特征方程是两个参数的函数，使用 MathCAD 软件计算当两个参数变化时特征方程的根。令一个参数为恒值，改变另一个参数，得出根轨迹。改变第一个参数，重复这一过程，直到有明确的迹象表明根是如何随两个参数变化而改变的。在阶跃输入响应中确定主导根，并确保系统的阻尼比至少为 0.7。

$$s^4 + 170s^3 + 10\,600s^2 + (490\,000 + K_d)s + 1.3 \times 10^7 + K_p = 0$$

38. 下图所示方框图为一个带单位反馈的三个一阶惯性环节串联起来的控制系统。系统的整体增益用 K 表示。使用 MathCAD 软件画出 Nyquist 曲线。首先将增益调整为单位增益，需记住，Nyquist 曲线为开环传递函数的频率响应，得出幅值裕度与相角裕度。确定增益的最大值，使得幅值裕度为 6 dB，相角裕度为 60°。

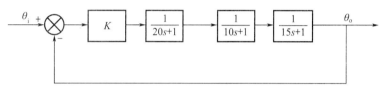

39. 如下方框图表示了一个反馈控制系统，其中反馈传感器用一个一阶惯性传递函数表示。确定开环传递函数，不需要手动计算，MathCAD 软件可以胜任复数运算。画出 Nyquist 曲线图，得出幅值裕度与相角裕度。确定方框图中所示的整体增益 K 的最大值，使得控制系统具有最小的 6 dB 幅值裕度及 60°相角裕度。

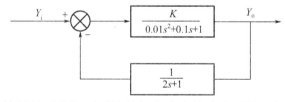

针对之前已获得的增益画出闭环系统的频率响应并确定系统的频带宽度。

40. 下示方框图为一个简单的反馈系统。注意到其可表征一个时间常数为 5～20 s 的慢速系统。确定开环传递函数，并使用 MathCAD 画出 $K = 1$ 时的 Bode 图。应注意到，当提及 Bode 图时，一般指的是两幅图，一幅是对数坐标下以 dB 为单位的幅值比，另一幅是对数坐标下以度（°）为单位的相角。确定整体增益为 1 时的幅值裕度及相角裕度。确定增益的最大值，使得幅值裕度为 6 dB，相角裕度为 60°。注意到应同时满足幅值裕度与相角裕度的要求。

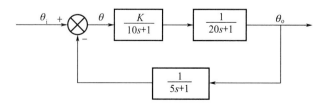

41. 一阶惯性环节表示的系统如下图所示。证明在对数坐标下以 dB 为单位画出的幅值比频率响应曲线，可以近似为两条直线，一条为低频 $\omega \ll 1/\tau$ 时的 0 dB 线，另一条为频率远高于 $1/\tau$ 时的斜率为 20 dB/dec 的直线。最大的误差产生在 $1/\tau$ 处，为 -3 dB（即阻尼比为 0.7）。同样从图中可以看出相角滞后可以近似为 $-45°$/dec。最大的误差出现在直线的两个末端，为 5/6°。

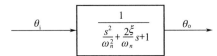

42. 下图所示方框图代表了一个传递函数为二阶惯性环节的系统，如之前的例子所示，频率响应曲线以 dB 为单位画在对数坐标上，可以近似为两条直线。一条为远小于自然频率 ω_n 时的低频 0 dB 线，另一条是远大于 ω_n 的高频 40 dB/dec 的直线。唯一需要加入校正的地方位于由阻尼比决定的自然频率附近。通过得出小于 1 的阻尼比可以进行校正，最大的幅值比为 $1/2\xi$，其产生于频率为 $\omega_n \sqrt{1-\xi^2}$ 处。同时，曲线表明相角滞后也可以近似为一条斜率为 90°/dec 的直线。误差取决于阻尼比，且阻尼比为 0.5~1 时误差最小。

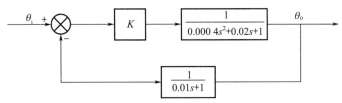

43. 如下所示的方框图代表了一个简单的负反馈控制系统。令 $K=1$，得出开环传递函数。注意到幅值比以 dB 为单位计算时，乘法运算变成了加法运算，因此不要简化开环传递函数。使用直线近似画 Bode 图并研究闭环系统的稳定性。画 Bode 图只需要计算几个点，确定最大的增益，使得幅值裕度为 8 dB，相角裕度为 60°。

假设由于位置精度的原因，增益需要设为 100，通过所画的 Bode 图研究闭环系统的稳定性。如果不稳定，设计一个超前滞后网络使得系统的幅值裕度为 6 dB，相角裕度为 60°。提示：增加的超前滞后网络形式如下

$$\frac{K(\tau_1 s + 1)}{\tau_2 s + 1}$$

求出滞后时间常数 τ_2，使得系统的幅值裕度增加到 6 dB，求出超前时间常数，使得相角裕度增加到 60°。再使用直线近似对系统 Bode 图进行校正。校正发生在转折频率处的最大误差。

44. 下图所示系统为一个弹簧-阻尼系统，其中 x 是输入变量，y 是输出变量。其传递函数是时间常数为 τ 的一阶惯性环节。确定 $K = 1\,000$，$C = 10$ 时的时间常数。使用直线近似画出频率响应。求出这一简单系统的频带宽度。

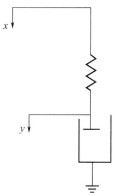

45. 下图所示为用于将输入功率传递至输出功率的齿轮系统。N_1，N_2，N_3，N_4 分别是每个齿轮的齿数。假设 T_1，T_2 分别为输入转矩与扰动转矩，假定控制系统的输入是施加到第一个与第二个惯性负载上的转矩，被控的输出变量是 ω_i，假定输入惯性负载的摩擦为 C，确定关于输出变量 ω_i 与输入转矩 T_1，T_2 的传递函数。假设三个轴是柔性的，刚度分别为 K_1，K_2，K_3。输入、输出位置的负载惯量分别为 J_1，J_2。为了得到传递函数，画出每一个惯性负载与齿轮的受力分析图。应该试着求出参考输入侧的等效惯量与转矩。

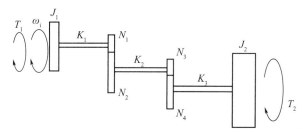

假定轴与齿轮的惯量可以忽略不计。

46. 重复第 45 题的应用，控制输入轴的位置从而取代速度控制。这种情况下，需要将所有方程写成角度位置 θ_i 的形式。

47. 在第 45 题得到的传递函数中，针对传递函数中的参数选择一些实际工程中的数值，讨论传递函数的阶数并画出频率响应，求出系统的频带宽度。求特征方程的根，并得出相应的阻尼比。研究粘性阻尼系数 C 对每一个复数根对应的阻尼比的影响。

48. 下图所示为一个机械的物块-弹簧-阻尼系统。假设输入为力 F，输出为物块的位移 x。根据图中所给参数确定系统的传递函数。针对传递函数中的参数选择实际工程中的数值并计算出系统的自然频率与阻尼比。讨论阻尼器中的阻尼对自然频率及阻尼比的影响。选择 C 的值使得阻尼比为 0.7 并求出系统频带宽度。使用 MathCAD 软件画出系统的阶跃响应曲线。求出自然频率与阶跃输入响应调节时间的关系。其中调节时间定义为输出达到终值的 95% 所需要的时间。

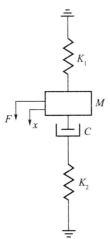

49. 在书中及之前的问题中提及过，运放经常用于在控制系统中引入补偿。在控制网络中，电阻、电容经常以不同的形式应用以产生所需要的传递函数。如下所示为一个常用于削弱噪声的电路。

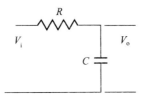

应注意到，定义不同的输出变量可能会得到不同的传递函数。图中输入变量为给电阻的电压，输出变量是电容两端的电压。R、C 是相应的阻值与容值。在 s 域中，电容值 C 可以用 $1/Cs$ 代替。电路可用于获得流过回路的电流。这时，可以得出上述电路图的传递函数为

$$\frac{V_o}{V_i} = \frac{1}{RCs + 1}$$

转折频率由 RC 决定。这表明，转折频率以下的信号可以通过网络；转折频率以上的信号将会衰弱，对于输出信号的影响将被忽略。

对练习而言，假设输入为 V_i，输出为流经回路的电流 I，在这一条件下得出传递函数。可以看出所得的传递函数与上述传递函数不同。

50. 下述电路图可以用于产生微分作用。其同样可作为一个一阶惯性传递函数的滤波器使用。假设输入为 V_i，输出为 V_o，推导其传递函数。

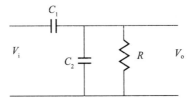

对于图中的电容，可以在 s 域中使用 $1/C_1s$ 及 $1/C_2s$ 进行等效替换。然后整个系统就

可以作为纯阻性电路使用。首先求出电路的等效电阻。然后电流可以通过输入电压与等效电阻相除进行计算。得出电流的传递函数后，通过计算流过各支路的电流可以得到输出电压。计算出流经阻性负载的电流后，能够通过将电阻与电流相乘得到输出电压。

51. 直流电机用于控制旋转负载的位置。为了快速高效地对位置进行控制，电机不经减速器直接连接到负载上。如下方框图表示了系统不同部分之间的动作。加速度反馈提供高增益补偿，同时使用了所提出的在系统中减小噪声影响的一阶惯性环节。

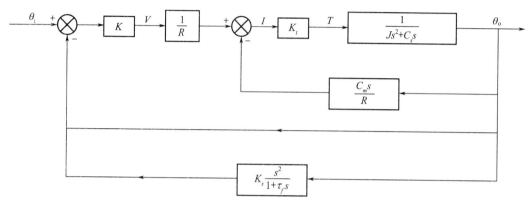

其中，V 是比例控制器的输出电压，I 是流经电机的电流，T 是电机的输出转矩。θ_i、θ_o 是输入、输出的角度位置。注意到，方框图根据不同部分写出的方程画出。对于练习来说，写出方程并确定模型的精确性。推导方框图时，假设电感及传动机构的刚性可以忽略不计。应注意到，施加的外部转矩没有包含在模型中。

假设各参数数值如下：

$$R = 0.6\ \Omega$$
$$K_t = 0.8 \mathrm{N} \cdot \mathrm{m/A}$$
$$J = 0.1\ \mathrm{kg} \cdot \mathrm{m^2}$$
$$C_m = 0.8$$
$$C_s = 0.1\ \mathrm{N} \cdot \mathrm{m/(rad/s)}$$
$$\tau_f = 0.01$$

注意到加速度反馈的滞后网络的截止频率选为 100 rad/s，是为了剔除高于此频率的噪声。这需要通过实验测量加速度反馈中的噪声频率来获得，同样取决于传感器的质量，最好测量旋转速度并对该信号进行微分。推导闭环传递函数并确定比例增益的值及加速度反馈增益使得系统的基频响应的自然频率为 80 rad/s，阻尼比为 0.7。使用 MathCAD 得出不同增益值下特征方程的根。也应该确保更高的模态是稳定的，可以假定其在系统的响应中快速衰减。

可能会发现改善系统的阻尼比较困难，这种情况下，增加增益为 K_v 的速度反馈。速度需从输出位置中得到并反馈到比例控制器中。实际上，小型直流电机通常用作速度计连接到电机上，并将得到的信号反馈给控制器。使用比例、微分、加速度三个参数的增益，可以将根定位到 s 域内期望的位置。

52. 工业过程中常要求对水箱中的液面高度进行控制。图示为一个双水箱系统，现实中要求对两个水箱的液面高度进行控制，这意味着这是一个双输入双输出系统问题，这一问题将在多变量控制系统中进行研究。而在此处，假定只有二级水箱的液面高度需要控制。此时推导出系统的传递函数。注意到，应该在工作点附近对相关的非线性流体方程进行线性化处理。此时，问题变成一个双输入单输出问题。写出微分方程后首先画出方框图。使用叠加原理得出输出变量 h_2 与指令信号 h_i 的传递函数以及液面高度 h_2 与被变流阀控制的输出流速的传递函数。假定比例控制器的增益值为 K。

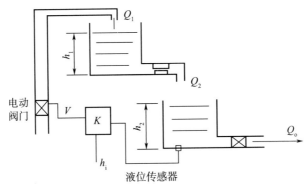

　　针对传递函数中的参数选择实际工程中的数值。为了实现全部的控制，第一个水箱主阀门的流速应大于出水流速，对于第二个水箱同样如此。第二个水箱的出水流速由操作员控制。第二个水箱的出水流速由操作员控制时，第一个水箱的流出速度只与液面高度成正比。将具体数值代入后，讨论增益 K 对系统瞬态性能的影响，同时讨论输出流速单步阶跃输入及指令信号 h_i 阶跃输入时的稳态值。

53. 在第 52 题中，两个水箱不相连，且控制微分方程的推导被简化了。下图所示为两个相连接的水箱。假设目标是控制第二个水箱的液面高度 h_2，第一个水箱的输入流速由一个比例阀控制。第二个水箱的液面高度由电子液位传感器测量并反馈回控制器与要求的液面高度进行对比。为了得到合适的控制，输入流速必须大于第二个水箱的输出流速 Q_o。推导关于液面高度 h_2 与给定信号 h_i 的传递函数。同时推导关于液面高度 h_2 与输出流速 Q_o 的传递函数。应该在工作点附近将相关的非线性流体方程进行线性化。确定当输入液面高度 h_i 阶跃变化时，增益 K 对于输出液面高度的瞬态性能的影响。针对传递函数中的参数选择实际工程中的数值，并讨论增益对于系统瞬态性能的影响。画出 h_i 的阶跃输入响应曲线。为使系统获得最大的响应速度，选择合适的增益 K，并确定在输出流速为阶跃输入的情况下，施加阶跃输入 h_i 时的稳态误差。

　　假设系统的入口侧的阀门可以产生正比于输入电压的流速。

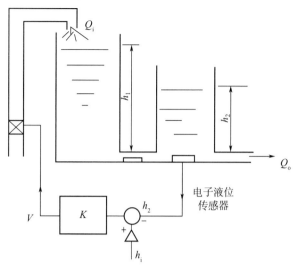

54. 下图所示为一个不同类型的物块-弹簧-阻尼系统。假设在静态平衡位置进行测量，这意味着物块的重量可以忽略不计，确定关于物块位移 x 与力 F 的传递函数。同时假设位移量较小。根据下列参数确定 C 的值，使得阻尼比为 0.7。

$$m = 10 \text{ kg} \quad K = 1\,000 \text{ N/m}$$

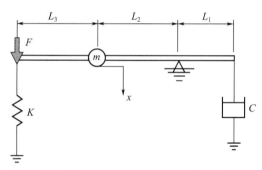

55. 下图所示的电动液压设备用于对一个 100 kg 的物体克服刚性系数为 100 N/m 的弹簧运动进行位置控制。流速与方向由电动液压伺服阀控制。伺服阀为轴内部反馈形式（没有在图中标出）。轴位移最大为 10 mm，压力源压强为 150 bar 时可以控制的最大流速为 9 L/min。注意到，高压大体积液体可以通过小孔排出。

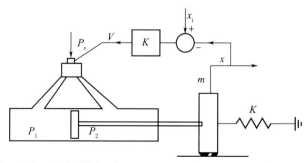

伺服阀存在内部反馈，使得轴位移 x 正比于施加的电压，瞬态性能可用下列传递函数来近似

$$\frac{x}{V} = \frac{K_s}{\tau s + 1}$$

其中，$\tau = 0.01$ s。

注意到，伺服阀速度很快，特定应用的实际时间常数应从生产厂家获得。施加 10 V 电压产生 10 mm 轴位移时，确定伺服阀的增益。所有参数的单位需统一。

写出流经伺服阀流速的非线性方程。对二元流体方程进行线性化并计算参数，假设阀孔开度为 0.5 mm，背压为零，流速为 9 L/min。

背压为 50 bar，阀孔开度为 0.5 mm，流速为 5 L/min 时，确定线性化方程的参数。假设压强为 150 bar 时，活塞的泄漏系数为 1 L/min。液压缸的直径为 0.2 m。

通过写出系统每一部分的控制微分方程，画出系统的方框图。针对这一特定应用，假设油液的可压缩性、负载的摩擦都可以忽略不计。对于没有特别指定的参数均使用工程数值。确定关于输出位移 x 与指令信号 x_i 的系统传递函数。选择合适的增益 K，使得主导根的阻尼比为 0.7。研究系统对于阶跃输入及斜坡输入的稳态误差。

外力 F 作用于物体时，重复以上分析。确定阶跃输入及斜坡输入的外力施加到物体上时系统的稳态误差。

当考虑液压油的可压缩性时，重复上述计算过程，其体积压缩系数为 100 000 N/m²。

开环工作在最大压强及最大阀门开度时，确定活塞的最大稳态速度。

56. 下图所示为一个闭环控制形式的物块-弹簧-阻尼系统。施加到物块上的力决定了物块的位置。这种情况下要求系统工作在闭环模式下，使得由指令信号确定的物块位置能够保持在某一数值上，且能应对施加到物块上的扰动。

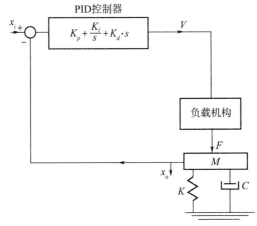

施加到物块上的力与控制器输出电压的关系可以近似为如下一阶惯性环节

$$\frac{F}{V} = \frac{10}{0.5s + 1}$$

产生力的结构没有给出，其可能是一个液压缸，也可能是一个伺服电机。但应注意到，因为这一特定的应用，负载机构可以近似为一个增益乘以一个时间常数为 0.5 s 的一阶惯性环节。

　　图中同样给出了对于这一实际应用的 PID 控制器。确定控制器的增益使得系统满足自然频率为 20 rad/s，特征方程主导根的阻尼比至少为 0.7。使用如下给出的数值计算传递函数。使用根轨迹及 Bode 图研究系统的稳定性。

$$M = 100 \ \text{kg}$$
$$K = 10\ 000 \ \text{N/m}$$
$$C = 10 \ \text{N/(m/s)}$$

　　没有定义的参数可以使用工程数值以便进行分析计算。

附录 B 状态变量反馈控制理论练习题（第 3 章）

应记住，通用的状态变量反馈控制理论形式如下

$$\frac{\mathrm{d}}{\mathrm{d}t}x = Ax + Bu$$

$$y = Cx$$

上述方程中，x 是 n 个状态变量的向量，A 是 $n \times n$ 维的矩阵，B 是 $n \times m$ 维的输入矩阵，u 是 $m \times 1$ 维的输入向量。对于单输入系统来说，u 是一个单一变量。

y 是 l 个输出变量的向量，矩阵 C 为 $l \times n$ 维的输出矩阵。对于一些系统来说，输入变量可能直接影响输出变量，这时，必须在输出方程中加入第二部分。

在如下问题中，可以使用 MathCAD 或其他数学软件。必须手动计算的题目都会明确地标出。

1. 某系统传递函数为如下二阶惯性传递函数

$$\frac{\theta_\mathrm{o}}{\theta_\mathrm{i}} = \frac{\omega_n^2}{s^2 + 2\xi\omega_n s + \omega_n^2}$$

其中，$\omega_n = 1\,000$，$\xi = 0.5$。

a）求出特征方程的根。

b）使用形态空间形式写出传递函数。

c）使用 MathCAD 或其他数学软件确定系统矩阵的特征值及特征向量，观察特征值与特征方程的根是否相同。讨论特征向量的特性。

d）确定动态矩阵并手动确定其行列式是否与特征方程相同。

2. 当 $\omega_n = 10$，$\xi = 2$ 时，重复第 1 题，并讨论两种情况的区别。

3. 某系统传递函数为如下三阶传递函数

$$\frac{\theta_\mathrm{o}}{\theta_\mathrm{i}} = \frac{10}{s^3 + 25s^2 + 600s + 2\,500}$$

a）使用 MathCAD 或其他数学软件确定特征方程的根。

b）使用状态空间的形式写出系统的传递函数。

c）确定系统矩阵的特征值并观察其是否与特征方程的根相同。

d）确定系统的动态矩阵，使用 MathCAD 软件的符号展开功能求其行列式，观察其与传递函数的特征方程是否相同。

4. 某系统传递函数如下

$$\frac{\theta_\mathrm{o}}{\theta_\mathrm{i}} = \frac{s^2 + 12s + 32}{s^3 + 110s^2 + 13\,500s + 12\,500}$$

a）使用状态空间形式写出传递函数。

b）确定系统的特征值并观察其与特征方程的根是否相同。

c）分子对于暂态与稳态性能的影响较为复杂，但是有迹象表明，分子并不影响振荡频率，只改变系统的超调及振荡性能。从系统状态方程的角度讨论这一问题。

5. 考虑如下一个简单的物块-弹簧-阻尼系统：

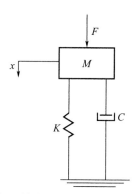

对这一问题从状态反馈及经典反馈控制理论的角度扩展分析。

a）推导上述系统的二阶控制微分方程。假设 x 是在静态平衡位置测量的，因此可以忽略物块的质量 M 。

$$K = 10\ 000\ \text{N/m}\quad M = 50\ \text{kg}\quad C = 10\ \text{N/(m/s)}$$

手动计算第 5、6 两题，因为系统的阶数为 2，这样便于理解状态变量控制理论的原理。

b）以状态空间的形式写出控制微分方程。

c）从动态矩阵的行列式中确定系统的特征值，计算系统的自然频率和阻尼比。

d）确定系统的特征向量并讨论其意义。

e）从状态方程中求出给定外力阶跃输入下 x 的稳态值。

6. 在第 5 题中，假设需要对物块以过阻尼的瞬态响应特性进行位置控制，且假设期望的特征方程的根为

$$s_1 = 50\quad s_2 = 100$$

假设系统是可控的。设计状态变量反馈使得闭环系统的根如上所示。注意到，主要时间常数为 0.02 s 的闭环系统非常快。确定两个状态变量反馈的增益。假设期望的位置为 x_i ，确定位置阶跃输入的误差。

7. 开环系统传递函数如下

$$\frac{\theta_o}{\theta_i} = \frac{100}{s^3 + 40s^2 + 2\ 100s + 34\ 000}$$

写出状态空间形式的传递函数，使用 MathCAD 或其他数学软件确定系统矩阵的特征值。假定系统根如下所示，具有过阻尼特性

$$s_1 = -50$$
$$s_2 = -100$$
$$s_3 = -150$$

讨论系统的能控性，如果系统是可控的，设计状态变量反馈控制使得所有的根移动到期望的位置。求出单位阶跃输入下的稳态值。

8. 下图所示为两个自由度的无阻尼振动系统：

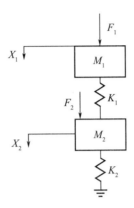

假设所含的参数的值如下

$$M_1 = 10 \text{ kg}$$

$$M_2 = 20 \text{ kg}$$

$$K_1 = 5\,000 \text{ N/m}$$

$$K_2 = 7\,000 \text{ N/m}$$

写出控制微分方程，并转化成状态空间形式。注意到存在两个输入及两个输出变量。从状态方程中求出系统的特征值与特征向量。讨论该系统中特征值与特征向量的含义。

讨论系统的能控性，假定力 F_1 是受控的，使得系统中两个物块的位置是可控的。这种情况下，假定产生力的装置非常快且没有时间延迟。设计状态变量反馈控制策略，使得闭环系统的特征值如下

$$s_1 = -50$$

$$s_2 = -60$$

$$s_3 = -90$$

$$s_4 = -100$$

用方框图的形式表示出状态变量反馈控制策略。注意到，对于状态变量控制策略来说，应该观测四个增益不同的状态变量并与期望的位置值 x_i 对比。

9. 当期望位置特征方程的根设置为如下相同的值时，重复第 8 题的步骤。

$$s_1 = s_2 = s_3 = s_4 = -50$$

这意味着所有的根具有相同的时间常数 0.02 s。此题中反馈信号的增益与上一题中不同。注意到，对于这两道题，都需要对动态矩阵的行列式进行符号形式的展开。

10. 使用数值积分方法解第 8 题与第 9 题，并比较对于 x_i 阶跃输入的瞬态响应。可以观察到两种响应的主要时间常数都为 0.02 s，且其余的根只影响瞬态响应性能。讨论其中的差异并得出结论。

11. 在第 8 题中，求出 x_i 阶跃输入的稳态误差。可能存在一个较大的稳态误差。在控

制器之后，产生力的位置之前，增加一个积分器。显然，状态方程的阶数增加到 5，此时需要得出状态变量的 5 个增益，使得所有的根移动到如下的过阻尼位置

$$s_1 = -50$$
$$s_2 = -70$$
$$s_3 = -100$$
$$s_4 = -160$$
$$s_5 = -200$$

12. 下图所示的两个相互不影响的水箱系统在之前已经讨论过了。对非线性流体方程线性化并写出状态空间形式的控制微分方程。使用附录 A 第 52 题中的数值，求出这一双输入双输出变量系统在开环条件下的特征值。

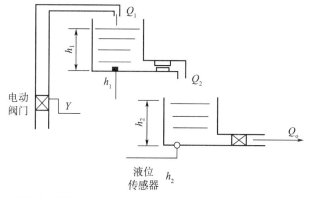

考虑 Q_i，讨论系统的可控性。

假设需要使用状态变量反馈控制策略对系统进行控制，使得闭环系统特征方程的根如下所示。在这种情况下，注意到需要观测两个水箱中的液面高度并以不同的增益反馈回控制器，假设需要控制第二个水箱中的液面高度为期望值 h_{2i}。

$$s_1 = -20$$
$$s_2 = -80$$

其中，对于需要的参数数值假定为一些工程值并将其代入状态方程，使得可以解出方程。注意在方程中使用正确的单位。

确定 h_{2i} 及 Q_o 阶跃输入下，h_1 与 h_2 的稳态值。系统中可能存在的较大稳态误差不会引起太大的问题，因为期望的输入会依据输出值进行校准。

讨论在控制器中增加积分器的可能性，使得系统的稳态误差为 0。应该注意到，系统的阶数会增加 1，假设带有积分器的系统的特征值如下

$$s_1 = -20$$
$$s_2 = -50$$
$$s_3 = -80$$

13. 考虑以下两个相互作用的水箱，其目的是控制两个水箱中的液位。写出控制微分方程，并将其转换为状态空间形式。对非线性流体方程进行线性化处理，并假设要控制的

两个变量是水箱中的液位，输入变量是第一个水箱中的输入流速和第二个水箱中的输出流速。使用附录 A 中第 53 题给出的数值进行计算。

首先，假设必须通过入口侧阀门的输入电压来控制第二个水箱的液位。求出系统矩阵的特征值和特征向量，并检查两个输出变量相对于输入流速的可控性。设计状态变量控制策略，使两个特征值移动到以下位置

$$s_1 = -20$$
$$s_2 = -70$$

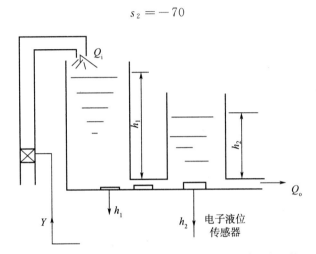

研究两个输出变量是否可以由单个输入变量 Q_i 控制。如果不能，研究调整两个变量 Q_i 和 Q_o 的可能性。研究设计两个并联状态变量反馈控制策略的可能性。这也可以作为学生的毕业课题。

14. 考虑一个连接到电机驱动小车上的倒立摆。这一系统本身是不稳定的。如下图所示，通过在小车上施加外力可以使得倒立摆的位置可控。在这一例子中，假定电机驱动的小车因为电机产生的力而运动。假设力产生得足够快，且其动态过程相比于倒立摆的响应时间可以忽略不计。这一倒立摆为需要以给定角度运动的空间飞行器及导弹的模型。

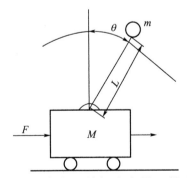

写出关于 $\sin\theta$ 及 $\cos\theta$ 的控制微分方程并假定变量 θ 的变化很小，将控制微分方程转化成线性形式。需要导出两个二阶微分方程。假定连接物块与小车的连接杆惯量可忽略不计。以状态空间形式写出方程，需使用四个状态变量。针对下列给出的具体参数数值，确定特征方程的根，并观察系统是否真的不稳定。

$$m = 0.5 \text{ kg}$$
$$M = 5 \text{ kg}$$
$$L = 0.6 \text{ m}$$

设计状态变量反馈控制策略使得特征方程的所有根移动到期望的位置。记得在设计状态变量反馈前，检查实际系统是否可控。自行确定根应该落在的位置。系统不能太快，因为过快意味着力需要快速变化，也不能太慢，以保持倒立摆不会倒下。

如果解决这一问题有困难，或是需要更多关于状态空间形式的知识，可以参考 K. Ogata 写的书（第 3 版）。

15. 当连接杆的质量不能忽略时，重复第 14 题的问题，其值如下

$$I = 0.2 \text{ kg} \cdot \text{m}^2$$

上述给出的惯量是关于连接杆的重心的。

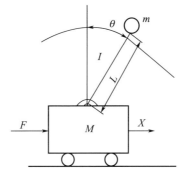

16. 为使得稳态误差为零，在前向通道中增加一个积分器，此时重复第 14 题的问题。注意到，此时系统的阶数由 4 阶增加到 5 阶。在 s 平面上，确定 5 个系统特征方程的根的期望位置。验证倒立摆的位置是否实现了零稳态误差（$\theta_I = 0$）。

17. 考虑如下所示的电磁轴承。如之前所述，施加到轴上的磁力是非线性的，施加到轴上的力可以写成

$$F = \frac{AI}{x}$$

其中，F 是施加到转子上的力，x 是从轴承上部测得的轴位置，I 是流经电磁轴承的电流，A 是常数，取决于轴承的磁通密度、线圈数量及铁芯磁通密度的材料特性。这些参数取决于设计阶段考虑的轴承设计结构。

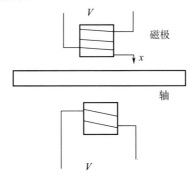

假设磁路的电阻为 $0.2\ \Omega$，在 $x=0.2\ \text{mm}$ 及 $I=50\ \text{A}$ 处对非线性的磁力进行线性化。为了求出常数 A，假设距离为 $0.2\ \text{mm}$，$I=20\ \text{A}$ 时，磁力约为 $1\,000\ \text{N}$。假设参照轴承的位置轴的质量为 $5\ \text{kg}$。

写出垂直方向运动方程，假设轴的质量作用在轴承上时可以当作输入扰动。将线性化的运动方程转化成状态空间形式，有两个状态变量以及两个输入，一个是外部扰动力 F，另一个是施加到轴承上的电压。忽略代表最差情况的系统中的摩擦。如果参数及变量没有定义，则为其选择合适的工程值或符号进行表征。

设计状态变量反馈控制策略，特征方程的根的期望位置如下

$$s_1=-20$$
$$s_2=-30$$

轴的期望位置为 $x_i=0.2\ \text{mm}$ 时，求出输出变量的稳态值。

在前向通道中添加积分器，使得 x_i 阶跃输入时稳态误差为零。确定状态变量反馈的增益，此例中为三个。假设特征方程根的期望位置如下

$$s_1=-20$$
$$s_2=-30$$
$$s_3=-40$$

设计状态观测器使得对于反馈来说，所有的状态都可以预测。为了设计观测器，至少需要测量一个输出变量，在此例中与状态变量之一的 x 相同。

18. 在可以施加力矩使其转动的平衡杆上如何控制一个质量为 $0.2\ \text{kg}$ 的球是一个有趣的问题。这与之前的两题有相似之处。假设平衡杆关于旋转铰链的转动惯量为 $2\ \text{kg} \cdot \text{m}^2$。下图所示为其工作原理。

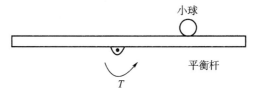

假设平衡杆的长度为 $50\ \text{cm}$，球的位置可以通过多种方式测量，最简单的方法就是使用电阻器，这样在球运动时，阻值发生变化，得出位置信号 x。

假设参考中心点时，对比于平衡杆的转动惯量，球的惯量可以忽略不计。

写出关于 $\sin\theta$ 和 $\cos\theta$ 的控制微分方程，其中 θ 是平衡杆的角位置。应该写出三组运动方程，一组是关于平衡杆的方程，另外两组为球在水平和垂直方向上的方程。假设角度旋转非常小，求出系统的线性运动方程并将其转换为状态空间形式。设计状态变量反馈控制策略，以使特征方程的所有根都移至所需位置。在 s 平面上确定特征值的期望位置。它们必须足够快以精确地控制球的位置。速度不能太快以至于无法产生转矩 T，而速度也不能太慢以保证球不会掉落。

设计观测器使得用于反馈的状态变量可以被预测。应注意，观测器的特征值必须快于系统的闭环特征值。

19. 下图所示为一个简化的车辆悬挂系统模型。汽车主要的质量为 M_1 和 M_2，其中 M_1 是汽车的质量，M_2 是参考每一个车轮时悬挂系统的质量。K_1 和 K_2 代表连接汽车与悬挂系统的弹簧刚性以及车轮的刚性。

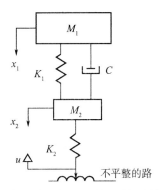

阻尼器 C 限制车轮传递给汽车的振动，且防止传递给汽车过度的振动。K_1 的值被汽车的质量以及传输的动力限制。K_2 是未来研究的方向，受限于传递至悬挂系统的道路冲击。假定运动方程中的参数数值如下

$$M_1 = 300 \text{ kg}$$
$$M_2 = 20 \text{ kg}$$
$$K_1 = 10\ 000 \text{ N/m}$$
$$K_2 = 1\ 000 \text{ N/m}$$

为了推导运动方程，假设所有的物体的位移是在静态平衡条件下测量的，因此可以在运动方程中忽略物体的质量。考虑阻尼常数，因需要确定其值以限制汽车的振动。写出两个物体的运动方程并将其转化成状态空间形式。首先假定 $C=0$，求出状态矩阵的特征值。此时系统中不存在阻尼，所有的特征值实部为零。然后逐渐改变 C 的值并求出相应的特征值。重复这一过程，直到得到对应汽车振动的一对满足阻尼比的特征值。已知系统的输入为 u，即车轮的位移。假定一个谐波激励，确定两个位移 X_1 和 X_2 的频谱。讨论两个频率响应，以及从频率响应中能得到哪些结论。针对不同的阻尼系数 C 重复这一过程。

20. 在控制系统中，经常需要放大一个信号或放大几个信号之间的差值。在放大信号时，必须格外小心，以免系统中的噪声被放大。下图所示为一种降低系统噪声的简单方法。该图显示了放大器的输入和输出处的两个一阶滞后环节可用于降低系统中的噪声影响。如前所述，放大器（通常是运放）会改变输入信号的符号。为了避免这一问题，需要

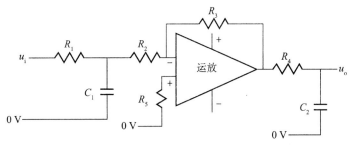

使用两个放大器，一个增益为 1，另一个增益为所需的增益。图中仅显示一个放大器，而未显示增益为 1 的放大器。即使没有显示增益为 1 的放大器，也需要假定有两个放大器。

假定图中参数的数值如下

$$R_1 = 10 \ \text{k}\Omega$$
$$R_2 = 5 \ \text{k}\Omega$$
$$R_3 = 50 \ \text{k}\Omega$$
$$R_4 = 10 \ \text{k}\Omega$$
$$R_5 = 2 \ \text{k}\Omega$$
$$C_1 = 0.2 \ \mu\text{F}$$
$$C_2 = 0.1 \ \mu\text{F}$$

首先使用经典反馈控制理论推导关于输出变量 u_o 与输入变量 u_i 的传递函数。绘制系统的频率响应并确定系统的频率带宽。应注意，可用的电容范围为微法级，必须在千欧范围内选择电阻，以防止其从系统吸收过多电流。应注意，运算放大器的性能类似于即时放大器，其时间延迟非常小，对于实际应用，可以假设它的性能、增益与如下的放大器相当

$$K = \frac{R_3}{R_2}$$

重复这一问题，写出控制微分方程，并转化成状态空间形式。求出响应于 u_i 的输出变量 u_o 的频带宽度。

讨论从上述两种方法得出的系统的频率响应特性。应该知道，截止（转折）频率出现在低频响应以下幅值比下降 3 dB 处。

21. 此题说明许多经典反馈控制问题可以使用状态空间的方法来解决。下图所示为一个分子为常数的三阶系统的比例控制。

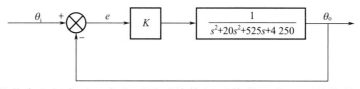

推导系统的状态空间表示。为此不需要计算闭环传递函数，而是将输出变量 θ_o 与系统误差 e 相关的开环传递函数进行转换。需要为开环传递函数定义三个状态变量，这很简单。然后，写出误差 $e(\theta_i - \theta_o)$ 方程，调整状态方程以使其包含该方程。现在，状态方程具有三个状态变量和一个输出变量。以上过程避免了闭环传递函数的复杂计算。改变增益 K 的值并求出系统的特征值。应该选择增益的最大值以最小化稳态误差，并确保系统保持稳定并在主导根中具有足够的阻尼。

应注意，上述系统代表了机械系统的快速响应特性，可能不如涉及电子设备时的响应速度快。

22. 此问题也与先前的问题类似，但是不只是比例控制，还添加了超前滞后网络，以便可以使用更高的增益来实现较小的稳态误差，且超前滞后网络的时间常数用来补偿只有

比例控制时导致的低阻尼比。系统如下图所示。

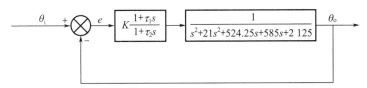

与先前的问题类似，将上面的框图转换为状态空间形式，无须将方框图化简为单个方框。注意到，此时分子不是常数。首先假设超前滞后网络的时间常数为零，然后更改增益 K。求出多个增益的特征值，并讨论增益 K 对系统稳定性、稳态误差和系统阻尼的影响。选择较大的增益，并将超前时间常数设置为几个不同的值，观察其对系统阻尼的影响。所有 5 个特征值都具有足够阻尼的情况下不可能得到一个响应速度较快的系统。

再次将增益和超前时间常数设置为某些值，此时更改滞后网络的增益。讨论滞后时间常数对阻尼比和响应速度的影响。最后，为超前滞后网络的增益和时间常数选择一个认为合适的值，可以产生快速响应特性、低稳态误差以及所有特征值都具有足够的阻尼。

应该注意，与之前的问题相比，该系统相对较慢。在这种情况下，有 5 个特征值，只有 3 个参数需要调整。因此，必须在响应速度、稳态误差和系统可接受的阻尼比之间做出折衷。应该尽可能使用较少特征值主导响应，这意味着这些特征值必须接近 s 平面的原点。远离原点的特征值必须稳定，但要接受其较低的阻尼比，这是因为它们衰减得很快。

23. 反馈回路中使用的传感器通常可能具有其自身的传递函数，并且其响应时间在系统响应时间的范围内。因此，不能忽略传感器的传递函数。系统如下图所示。

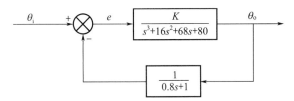

将方框图转换为状态空间形式，无须将方框图化简为单个方框。确定主导根的阻尼比至少为 0.7 时的最大增益。求出系统对于阶跃输入的典型响应时间特性。

24. 下图显示了具有三阶开环传递函数的系统，须通过 PID 控制器对其进行控制，以实现最佳的响应和精度要求。假设反馈信号中没有明显的噪声。

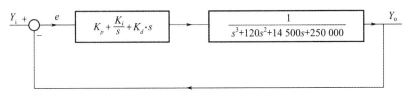

应注意，开环传递函数分子为二阶。这意味着有两个零点和四个极点。因此，在 s 平面中有四条轨迹，其中两个轨迹向零点移动，而另外两个轨迹向无穷远处移动。系统有四个特征值，但只有三个参数需要调整。因此，可能无法任意选择所有特征值在 s 平面上的位置，必须在响应时间、稳态误差和稳定性之间做出折衷。

　　根据 PID 控制器的三个参数，在不化简方框图的情况下将上述系统转换为状态空间形式。首先将微分和积分增益设置为零，然后更改比例增益。必须找到可有效控制特征值的比例增益范围。它可能在小于 1，大于 1，数千或数百万的范围内。通过几次试验，应该能够找到所需要的范围。随着增益变化绘制根轨迹。选择较大的增益，并为每个增益值引入微分增益。微分项必然会增加某些特征值的阻尼。因此，当比例增益和微分增益都改变时，应该能够找到变化趋势。增加积分项，针对比例增益和微分增益的几个值更改其值。观察根轨迹曲线并找到最合适的 PID 增益参数。为了获得最佳性能，应考虑瞬态响应、阶跃输入的稳态误差和响应速度。使用经典反馈控制理论或状态空间方法求解时，应比较不同方法下系统的复杂性。

　　25. 比较状态变量控制和经典反馈控制理论的性能是一个值得关心的问题。考虑第 24 题。不使用 PID 控制策略，而要求使用状态变量反馈控制策略。系统如下所示，添加了一个积分器，以确保实现零稳态误差。

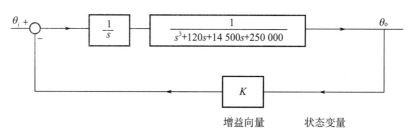

　　将上述开环传递函数转换为状态空间形式。验证系统的可控性。如果系统是可控的，则设计状态变量反馈控制策略，并将增益矢量作为负反馈，如上图所示。选择增益，以使所有 4 个特征值移动到以下位置

$$s_1 = -50 + 50\mathrm{i}$$
$$s_2 = -50 - 50\mathrm{i}$$
$$s_3 = -100 + 100\mathrm{i}$$
$$s_4 = -100 - 100\mathrm{i}$$

　　上述特征值是任意选择的，其给出两个二阶振荡运动，阻尼比为 0.7。当然，较慢的特征值主导了响应。

　　验证稳态误差是否确实为零。将这个问题的结果与先前的问题进行比较，讨论状态变量反馈控制策略的优缺点。

　　26. 这是一个简单的问题，作为更加复杂的下一题的铺垫。下图所示为一个简单的质量-弹簧-阻尼系统，该系统通常用于悬挂汽车或在火车站中以吸收火车的冲击。

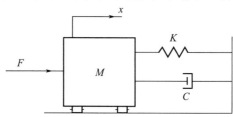

　　写出该系统的控制微分方程，找到将位移 x 与施加力 F 相关联的传递函数。以 K 和 C 表示自然频率和阻尼比。当 $K=20\,000$ N/m 及 $M=500$ kg 时，确定 C 的值，以使阻尼比为 0.5。这种方法对下一题中的阻尼器的设计提供思路。

　　27. 求解本题之前先解决第 26 题。下图所示为带有三节车厢的火车的简单示意图。车厢之间的力必须由弹簧减振器系统吸收。

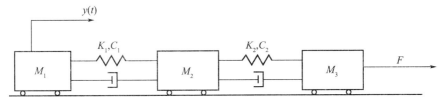

　　假设 y_1，y_2，y_3 是三个车厢的位移。首先通过绘制每个车厢的受力分析图，写出每个车厢的运动方程。然后，将控制微分方程转换为状态空间形式。在实际情况下，每个弹簧的刚度必须足够强以限制每个车厢的位移，并且通常 K_2 必须大于 K_1，因为最大瞬时力会施加到前车厢上。假设状态空间模型包含的参数数值如下

$$M_1=M_2=M_3=500 \text{ kg}$$
$$K_1=50\,000 \text{ N/m}$$
$$K_2=100\,000 \text{ N/m}$$

　　求出 C_1 和 C_2 的值，使得所有特征值的阻尼比至少为 0.5。状态模型应为 6 阶，并且必须有一个或两个特征值为零，因为系统需要自由运动。确定每个特征值的特征向量，并讨论系统每个特征向量的含义。

　　28. 这一问题是个新想法。假设在第 27 题中存在一个稳定的力可以使火车保持稳定的速度。此外，假设可以实现力的变化以控制车厢的振动，每个车厢的位移和速度都是可测量的。从系统上卸下阻尼器，并设计状态变量反馈控制策略，从而将所有特征值移动到 s 平面上的所需位置。可以自行选择特征值在 s 平面上的位置。这些特征值不能太快，因为作用力的变化可能不会太快。记得在使用状态变量反馈控制策略之前，必须判断系统对于特定输入的变化是否可控。

　　29. 下图显示了具有两个质量块和四个弹簧的机械系统。假设输入为 F，输出为 y。绘制每个物块的受力分析图并写出运动方程。将运动方程转换为状态空间形式。应注意到，每个物块的位移和速度有 4 个状态变量。

　　假设状态模型包含的参数数值如下

$$M_1=10 \text{ kg}$$
$$M_2=50 \text{ kg}$$
$$K_1=K_2=1\,000 \text{ N/m}$$
$$K_3=K_4=60\,000 \text{ N/m}$$

　　计算系统的特征值，该特征值应为 4 个零阻尼特征值，因为系统中没有阻尼器。判断系统相对于输入 F 的可控性。如果可控，设计状态变量反馈控制策略，以使所有特征值的

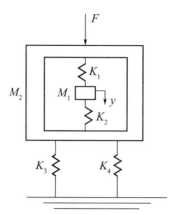

阻尼比至少为 0.5。应该选择实部和虚部的精确值，以使系统不会太快，以便可以根据需要调整力 F。可以自行为特征值选择一些任意值。

30. 本题与第 18 题类似，但系统参数不同。将此题的结果与第 18 题进行比较，并讨论差异。关心的问题是如何控制球在平衡杆上的位置。平衡杆可以通过电机产生的转矩绕其重心旋转。首先尝试解决该问题时，假定与系统所涉及的时间延迟相比，电机可以无任何时间延迟地生成转矩。可以使用不同的方法来测量球的位置。一种方法是在平衡杆上安装线性电位计，当球在平衡杆上移动时，它会产生与球的位移成比例的信号。对于状态变量反馈控制策略，还必须测量球的速度。这可以通过对位置信号进行微分来实现。假定位置传感器非常精确，因此信号中的噪声可以忽略不计。另外，还必须测量平衡杆的旋转角度和旋转速度。假定这些信号也可用于实现状态变量反馈控制策略。下图给出了基本的工作原理。

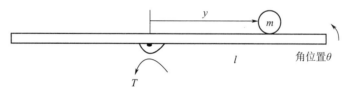

假设 $M=2\ \text{kg}$，$I=3\ \text{kg} \cdot \text{m}^2$，小球 m 的惯量与平衡杆的转动惯量相比可以忽略不计。当施加转矩 T 时，写出小球 m 的运动方程及平衡杆的运动方程，假设角位移较小。将运动方程转换为状态空间形式。判断系统的可控性。如果系统稳定，则设计状态变量反馈控制策略，以使所有 4 个特征值的阻尼比至少为 0.5。任意选择特征值在 s 平面上的位置。它们不能太慢，以免小球掉落，但也不能太快，以至于不能产生所需的转矩。

31. 考虑在附录 A 与附录 B 中研究的两个相互影响的水箱问题。示意图如下所示。假设水箱水位 h_1 和 h_2 是两个输出变量。应注意，这两个变量也可以视为状态变量。两个输入流速 q_1 和 q_2 是系统输入变量。应该注意，输出流速可以作为输入变量 q_2 的扰动，它们一起可以视为一个输入变量。必须将输出变量 q_0 视为将会导致稳态误差的系统的扰动。两个水箱之间的流速是两个液位的非线性函数。假设对于液位差来说，1 m 对应的流速为 15 L/min，因此按比例确定常数，并将此流速方程在 $h_1=2\ \text{m}$ 及 $h_2=1\ \text{m}$ 处进行线性化。假设必须将液面高度控制在所给液面附近位置。假设两个水箱的横截面积均为 1.5 m²。

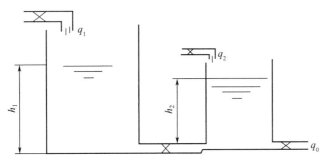

对于此题中的系统，完全可以控制两个水箱的水位。推导运动方程并将其转换为状态空间形式。如之前所提到的，前面研究的问题只有第一个水箱的输入流速。

检查此题中系统的可控性，并设计状态变量反馈控制策略，以使系统足够快但也不会太快，因为太快意味着可能无法产生输入流速。

需要研究使用两种不同的输入流速控制系统的可能性。如果无法用单一输入控制它，则尝试设计两个单独状态变量的反馈控制策略。之前尚未对此问题进行过研究，可以选择此问题作为大学毕业研究课题。

确定指令信号 h_{1i} 和 h_{2i} 的阶跃输入的稳态误差。同样需要研究出口流速 q_0 的阶跃输入的稳态误差。显然会存在误差，通过将积分添加到系统中来重复该研究。如果存在未定义的变量或参数，可以引入变量并为参数提供一些工程值，然后继续研究。

32. 在前面提到的控制倒立摆位置的问题中，我将这些问题称为导弹和航天器模拟。现在，考虑需要控制航天器位置、角度的真正的制导航天器，如下所示。施加在飞行器上的一个力在轴向上，还有一对力用于控制飞行角度。期望通过控制施加在飞行器上的一对力来控制飞行角 θ。假设所需角度为 θ_i，考虑到飞行器的质量是在重心 G 上施加的 500 kg（未在图中显示），并假设 $L = 2$ m，且绕重心的转动惯量为 $I = 50$ kg·m^2。应该将飞行器的重量作为不影响运动方程的系统输入。对于此例，仅写出一个平面上的运动方程。假设角度变化很小。将微分方程转换为状态空间形式。并设计一种状态变量反馈控制策略，以使特征值移至 $s_1 = -10$ 及 $s_2 = -20$ 的过阻尼位置。请注意，状态空间矩阵的阶数为 2，只有两个特征值，它们必须移至上述位置，这意味着主导根的时间常数为 0.1 s。对于飞行器来说，这一时间常数足够快，以至于它不会掉落，并且对于改变力 F 来控制角位置来说，这一时间常数足够慢。应当注意，所有参数都是任意选择的，并不代表真实的系统。

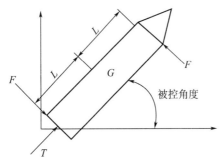

33. 针对第 32 题设计全阶观测器，以便可以实施反馈控制策略。假设航天器的角位置可以测量，要求观测器能预测出航天器的角位置和角速度。讨论如何实现基于观测器的反馈控制策略。讨论由计算机实现的观测器所需的速度，以便观测到的状态变量可用于控制目的。

34. 系统中不稳定性的主要来源通常是系统中出现的传输延迟（死区时间）。它通常出现在反馈传感器中。下面以图形方式展示了这一典型现象，该图表示了传输延迟。

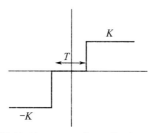

其中，T 是传输延迟，K 是传感器的增益，通常取作单位增益。带有传输延迟的传感器的输入、输出如下图所示。

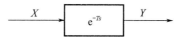

其中，传输延迟的传递函数为 e^{-Ts}。这一传递函数不能够简单地处理。不考虑详尽的证明，该传递函数可以近似为

$$e^{-Ts} = \frac{1 - \dfrac{Ts}{2} + \dfrac{(Ts)^2}{8} - \dfrac{(Ts)^3}{48} + \cdots}{1 + \dfrac{Ts}{2} + \dfrac{(Ts)^2}{8} - \dfrac{(Ts)^3}{48} + \cdots}$$

取决于系统以及分析系统所需的精度，可以只选择上式分子和分母中的一部分。应记得，当死区时间在系统响应时间范围内时，传递延迟会变得很明显。

该方框图给出了一个具有传递延迟的系统，其死区时间在系统响应时间范围内。该系统可以用经典的反馈控制理论或状态空间形式进行分析。对于这一练习，请使用状态空间形式解决此问题。

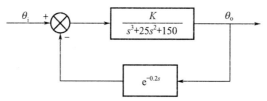

注意到，反馈回路中的死区时间为 0.2 s。确定前向通道传递函数的根，并观察其是否在死区时间范围内。首先用分子和分母中的两项来估算死区时间，然后将传递函数转换为状态空间形式。研究不同增益下系统的稳定性。当反馈回路中没有死区时间时，重复分析这一问题。比较结果并结合死区时间讨论系统的稳定性问题。

重复以上分析，但是这次选用分子和分母中的三项来近似得到死区时间。比较在死区时间近似中选用更多的项可以实现的性能提高。

附录 C　伺服电机练习题（第 4～9 章）

C.1　直流伺服电机

1. 下图所示为一个简单的应用，其中惯性负载（I_l）的速度由可调速直流电机控制。电压通过电刷连接到电枢上对电机单独激励。假设直流可变电压是可用的，对输入电压变化的响应速度不是主要的考虑因素。电机达到稳态值时施加 20 N·m 的转矩。

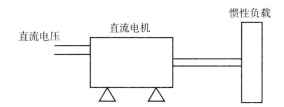

使用如下参数值：

- I_l：0.02 kg·m²；
- 额定功率：1 kW；
- 额定转速：1 300 r/min；
- 最大转矩限值：113 N·m；
- 电阻：0.58 Ω；
- 电感：0.002 3 H；
- 转子惯量：0.009 3 kg·m²。

确定可以持续施加的最大额定转矩。最大转矩只能应用很短的时间。电机的转矩及电压常数都为 0.83。确定驱动电机达到转速最大时的输入电压值。

首先忽略电感以及静摩擦与粘性摩擦，推导电机的运动方程，确定电机驱动最大惯量达到最大速度的响应时间。为此，对可以施加给电机的最大转矩限值进行假设。这个响应时间是电机运行在最大转矩限值下的响应时间。此外，确定电机达到接近最大转速时的动态响应时间。对此应该得出电机的传递函数，确定其时间常数进而得出电机的动态调节时间。

确定外部转矩施加到电机上时的速度衰减。考虑电感以得到更为精确的动态响应时间，再次求出传递函数，得出主要时间常数的值，并确定动态调节时间。应注意到，可以通过改变输入电压以不同的速度驱动电机。上述例子为电机运行在最大转速的最差条件。

2. 对于一些应用来说，惯性负载的速度需要进行精确的控制。这种情况中，会连接一个小型的直流电机来产生一个正比于电机速度的电压。然后将电压反馈给控制器。如下所示为带比例积分控制的该系统的方框图。假设带功率模块的控制器输出可以产生可调节的纯直流电压。对于阶跃输入的指令信号，通常加入积分环节使得稳态误差为零。

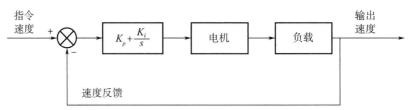

确定系统所需的变量及参数，使用第 1 题中给出的数值计算出系统的传递函数。由于需要对速度进行精确控制，必须考虑电机电感的影响。假设静摩擦及粘性摩擦可以忽略不计，确定最佳的比例积分增益，使得在阻尼比足够的情况下，系统的响应速度最快。可以使用根轨迹方法或 Bode 图，或两种方法都使用。确定阶跃输入及斜坡输入的稳态误差。同时确定外部转矩阶跃输入的动态影响，以及动态速度衰减。这些计算可以使用状态空间的方法，且可使用数值积分的方法求解系统方程。

3. 需要使用单独激励的直流伺服电机对旋转设备的位置进行控制。如果最大旋转小于完整的一圈，可以使用可调电位计进行位置测量，如果要测的位置大于完整的一圈，可以使用位置编码器进行测量。在位置控制应用中，速度传感器通常用于增加系统的阻尼。对此，厂家通常会在电机的末端连接一个小型的转速计。下图所示为系统的原理框图，由于负载惯量 I_l 较大，且位置控制的速度不是很快，使用了一个减速比为 $N=10$ 的减速器。

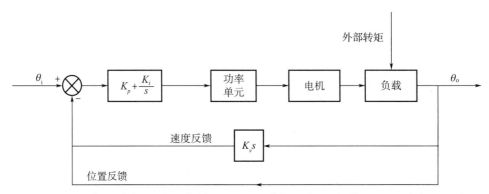

在上述原理图中，确定所需的参数及变量，并推导每一个单元的运动方程。假设功率单元的增益为单位增益，且实际的增益被合并到比例积分控制器中。应注意到脉宽调制驱动单元使得功率单元的增益为常数。假设传动机构刚性很强，且电机需要驱动整体惯量，即负载惯量与转子惯量。应注意到存在两个输入变量，一个是指令位置，另一个为施加到电机上的外部力矩。

将控制微分方程转化成状态空间形式并使用如下参数数值：
· 电机功率：3 kW；
· 转子惯量：0.021 kg · m²；
· 额定转速：2 500 r/min；
· 最大转矩限值：113 N · m；

- 电阻：0.12 Ω；
- 电感：0.000 5 H；
- 转矩及转速常数：0.6；
- 负载惯量：4 kg • m^2。

解状态空间方程，求出 K_v、K_p、K_i 三个增益在不同参数值下系统的特征值。研究是否能够通过调整三个可变的增益获得满意的响应速度、阻尼比及稳态误差。可以尝试画出随三个增益变量变化时的根轨迹，选择最佳位置使得主导根的阻尼比至少为 0.7。

求出指令输入及外部转矩（50 N • m）阶跃输入的稳态误差。当然，因为系统中存在积分环节，所以稳态误差应该为零。通过优化过的增益求出突然施加外部转矩时的动态位置衰减。可以使用数值积分方法求解状态空间方程。

4. 许多伺服电机用于机械设备中以及需要控制多轴机器的 CNC 应用中。一个具体的例子为工作台的位置需要在 X、Y、Z 轴三个方向上进行控制。下图所示为单个伺服电机在 X 方向上的应用。工作台的位置通常由可变的线性电位计测量，信号反馈回控制器用于进行适当的控制，也可以使用位置编码器，将其连接到电机上获得用于控制的位置信号。这只适用于传动机构刚性很强的情况。否则必须直接通过工作台处测量。选择合适的导程使用丝杠对旋转运动进行转化。丝杠必须不存在齿间隙，否则会使得精准的位置控制变得困难。

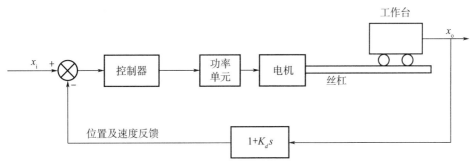

丝杠特性如下：

- 最大长度：1 m；
- 直径：2 cm；
- 材质：低碳钢；
- 导程：1.5 mm/rev。

确定丝杠的刚度，对此可以参考固体力学或材料强度领域的专业手册。计算丝杠的输入输出速度比。在所有的计算中，都需要对参数使用正确的单位。定义各参数及变量，如果所需要的参数没有在下面给出，可以假设其为工程值。

假设功率单元由晶闸管控制的直流整流器或是时间延迟可忽略不计的 PWM 系统组成，功率单元的增益为 10，这意味着 10 V 的低压控制电压可以得到一个 100 V 的高压。注意到在功率单元中使用限流器可以保护直流电机免受启动大电流的破坏。以下数据给出了为该应用选出的独立激励直流电机的特性以及工作台的质量。

- 移动平台的质量：50 kg；
- 电机额定功率：1 kW；
- 转子惯量：0.009 3 kg·m^2；
- 电机额定转速：1 260 r/min；
- 最大转矩限值：113 N·m；
- 电枢电阻：0.58 Ω；
- 电枢电感：0.002 3 H；
- 转矩常数：0.83 N·m/A；
- 电压常数：0.83 V/（rad/s）。

写出系统不同部分的控制微分方程，假设由于高精度的要求，电感及丝杠的刚性不能忽略。假设电机及丝杠中的静摩擦与粘性摩擦可以忽略不计。对于一个如本例应用中的复杂系统来说，在不减少微分方程的条件下，最好写出状态空间形式的方程。首先假设必须使用比例控制器，计算合适的比例控制及微分增益的值，使得系统主导特征值的阻尼比至少为 0.7 时，具有最快的响应速度。因此确定系统在要求位置附近发生较小的变化时的动态响应时间。记住，这只能得出动态响应时间，为了得出较大指令信号总的响应时间，需要考虑电机产生最大转矩的情况。这种情况下，假设运动从简单的静止状态开始，需要解出根据牛顿运动第二定律推导出的运动方程。在本例中，确定工作台从静止开始运动 50 cm 的全部响应时间。状态模型需要包含两个输入变量，即指令信号及施加到电机上的力。注意到很难从工作台处直接测得速度。在实际情况中，可能会将一个小型直流电机接到丝杠的末端，来得出工作台的速度。

求出指令信号单位阶跃输入下的稳态误差，由于使用的是公制单位，所以对应的输入为 1 m。这虽然不具有现实意义，但是大致表征了系统的稳态误差。同时确定施加到电机上阶跃输入的力为 100 N 时的稳态误差。

假设响应速度与稳态误差不满足应用，为了改善性能，推荐使用状态变量反馈控制策略。在前向通道中增加积分器，确保稳态误差为零。状态方程的阶数增加至 6，且应定义 6 个可测量状态变量用于直接反馈。因此可以将控制微分方程写成恰当的形式，使得所有的状态变量对于直接反馈是可测量的。

确定状态变量的增益向量，使得所有的特征值可以在 s 平面内移动到期望的位置。自行确定出特征值应被移动的位置，使得主导特征值的阻尼比至少为 0.7，且必须离原点足够远，使得系统对于输入信号变化时可以快速响应。

5. 工业机器人中大量应用伺服电机，下图所示为其中一例，伺服电机用于驱动机器人的一个轴。

应用下列参数于机器人上：

- L：1 m；
- 电机轴的转动惯量：10 kg·m^2；
- 施加到力臂上的力：1 000 N；

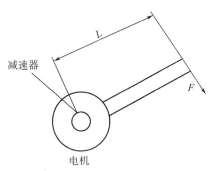

· 减速器输入输出速度比：20。

计算参考于电机轴的转动惯量，施加到电机轴上的外部转矩。上述机械臂代表一个较大的系统，因此选择一较大的电机，参数如下：

· 额定功率：10 kW；

· 转子惯量：0.24 kg · m^2；

· 额定转速：2 500 r/min；

· 最大转矩限值：800 N · m；

· 内阻：0.025 Ω；

· 电感：0.000 21 H；

· 转矩常数：0.83；

· 电压常数：0.83。

应注意到，转矩常数与电压常数确定了使得电机运行在额定转速下所施加的最大电压，在这一应用中，为使得电机在额定转速下运行的最大电压。

建议除比例增益外添加使用积分环节，使得指令信号阶跃输入及施加到电机上的外部转矩阶跃输入的稳态误差为零。在位置控制应用中，通常使用速度反馈，以增加系统的阻尼，如下列方框图所示。

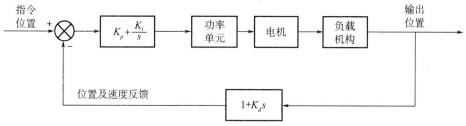

注意到存在两个输入变量。一个是指令位置，另一个是施加到电机上的外部转矩。假设功率单元能够产生可调节直流电压，且对比于系统的全部响应时间来说，时间延迟可以忽略不计。功率单元在要求的大电流情况下，产生正比于控制信号的电压。可以将功率单元的增益设置为单位增益，并假定其增益被整合到了控制器中。定义所需的变量及参数，确定整体传递函数。应求出两个传递函数，一个传递函数是关于输出位置与指令位置的，另一个传递函数是关于输出位置与输入外部转矩的。如果出现上述过程中没有定义的参数，可以选择工程实际值以便于继续分析。为了得出系统的传递函数，可以使用叠加原理。

应注意到，两个传递函数的特征方程是相同的，推导传递函数前，假设静摩擦及粘性摩擦都是可以忽略不计的，这代表了最差的条件。得出传递函数后，确定比例、积分、微分反馈增益，使得主导根的阻尼比至少为 0.7 时，系统的响应速度最快。为此需要对主导根的响应速度选择合适的值，不能过快使得功率单元不能产生足够快的响应。预测系统对于指令位置的小阶跃输入的典型响应时间。确定两种输入的稳态误差并观察其对于阶跃输入是否为零。此类位置控制系统的一个重要特性为施加外部转矩阶跃输入时的动态位置衰减。将输出位置与外部转矩输入的传递函数转化成状态空间形式，使用数值积分方法求出施加外部转矩阶跃输入时，输出位置的动态特性。求出施加外部转矩时的最大位置衰减。

当电机电感不能忽略时，重复上述分析。讨论电感对于整体响应特性的影响。

6. 在上述几个问题中，假设了驱动电机的可调直流电压是可用的。本题中考虑的是一个晶闸管控制直流电压的例子，考虑的是三相半波整流。正向、反向电压通过不同的晶闸管导通以便实现电压的正负，以此驱动电机以不同的方向运转。下图所示整流为将一半的电压信号整流为正向输出电压。一组相似的晶闸管用来产生负电压。图示仅为一个简化的版本，实际上要比这复杂得多。第一幅图所示为相差 120° 的三相电源。三相分别连接至晶闸管，针对所需要的导通时间对电压进行整流。第二幅图显示了从晶闸管输出的电压，假设导通角随着 120° 的相位差同时生效，导通时，晶闸管会产生电压，持续到电源电压为零。因此，通过晶闸管产生的电压是不同的，且一些导通角会重叠。

假设为了求出平均输出电压，可以对每一相在合适的导通角持续时间内积分，应对每一相单独积分并加在一起。每一相的输出信号相差 120° 相角，对每一相信号进行积分时应考虑这一问题。针对导通角求出平均电压，求出晶闸管可调的增益。导通角较小时，增益也很小，导通角较大时，增益增加。使用此类功率单元时，必须考虑这一问题。

计算平均电流及均方根电流，应注意到，电机响应于平均电流，但是功率损失正比于均方根电流。假设所有的计算均为阻性负载。

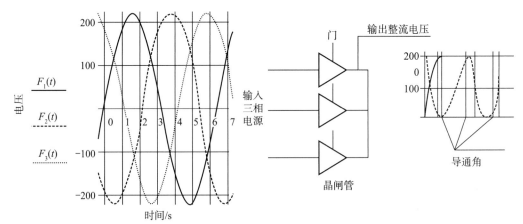

在导通角达到最大的 180° 时，画出平均电压及增益。同时确定并画出表征功率损失的波形因数。

应注意到，每一相电压的幅值为 220 V，电机需要较低的电压。在输入端会使用变压器将电压减小到所需的数值。

也应注意到，零导通角时的增益非常小，为了克服这一问题，导通角较小时，对于正反方向运行，晶闸管会导通 5°～6°，使得增益较为合理。

7. 解此题之前应该先解决第 6 题，下图所示为一个直流电机驱动机床工作台的应用。丝杠用于将旋转运动转化为直线运动。该应用选择了一个小型直流电机。三相晶闸管控制的功率模块以可控的 150 Hz 脉冲形式产生直流输出电压。为了设计控制器，应该针对系统研究两种情况。第一种情况是低导通角时功率单元增益很小的情况。这种情况下，从之前的问题中确定导通角约为 5° 时的功率单元的增益。这一情况下也应研究由于指令位置信号及施加的外力产生的稳态误差。另一种情况即为，为了保持稳定性，当导通角为 90° 时，必须使用最大的功率单元增益。根据前一题求出这一增益。

实际上，改善系统阻尼的速度反馈直接从电机侧测量或是从丝杠末端测量。在控制器中，使用积分环节实现稳态误差为零。注意到，存在两个输入变量，一个为指令位置，另一个为施加到电机上的力。注意到，反馈信号从指令位置信号中减掉了，如图所示。

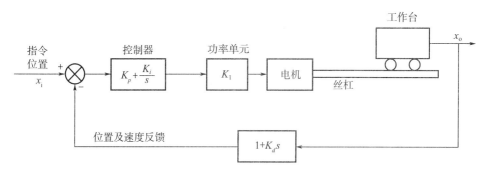

针对每一部分写出控制微分方程，假设必须考虑电感及传动机构的柔性。

负载机构参数如下：

· 工作台的质量：50 kg；

· 施加到工作台上的力：1 000 N；

· 丝杠最大长度：2 m；

· 丝杠直径：2 cm；

· 丝杠导程：2 mm/rev；

· 丝杠材质：低碳钢。

此应用中选用电机的特性：

· 额定功率：1 kW；

· 转子惯量：0.009 3 kg·m²；

· 额定转速：1 260 r/min；

· 最大转矩限值：113 N·m；

· 电阻：0.58 Ω；

· 电感：0.002 3 H；

· 电机电压常数：0.83；
· 电机转矩常数：0.83。

应注意到，效率为 100％时，转矩常数与速度常数相同。将控制微分方程转化成状态空间形式。不需要求出系统的传递函数，但是应注意输入变量为两个，分别是指令位置及施加到工作台上的外部转矩。

为了研究系统的稳定性，假设功率单元的增益最大，调整比例、微分、积分增益使得主导特征值的阻尼比至少为 0.7。可以发现，即使阻尼比很小时，非主导特征值也必须是稳定的。高阶模态的响应特性会从响应中快速消失。

功率单元增益较低时，重复上述分析并研究对于稳定性的影响。理论上，增益较低时，响应为过阻尼，且响应特性较慢。使用数值积分法解状态方程，求出施加在工作台上的力为 1 000 N 时的最大动态位置衰减。

在上述方框图中，位置、速度被直接反馈给了位置控制器。对于一些其他应用，最好将位置控制器与速度控制器独立开来，如下图所示。

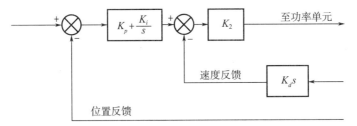

图中功率单元，电机及负载机构与之前相同。对此类新的配置重复分析并讨论差异。注意到此时存在 4 个增益需要优化。类似于之前的情况，求出系统矩阵的特征值，观察特征值随增益变化时的移动情况。

8. 本题给出了针对实际应用选择直流伺服电机的原理过程，没有给出实际应用中的参数，而是给出了针对实际应用时需要使用的计算原理。下图所示例子为高精度控制飞行器机翼的例子。为了控制飞行器机翼，电机需如下图所示垂直安装。使用丝杠连接带有减速比为 20 的减速器的电机与机翼。机翼的重量可以叠加到风力上。

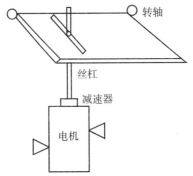

电机必须随着机翼角度的变化自由地小幅转动。丝杠上的螺母连接到机翼上，且其可以自由滑动使得可以控制机翼的角度位置。这一系统只是一种构想出来的情况。系统的机械部分特性如下：

- 丝杠长度：0.7 m；
- 丝杠导程：2.5 mm/rev；
- 减速比：20；
- 重量及施加到机器上的风力：5 000 N；
- 可移动部分的质量：200 kg。

首先假设传动机构是刚性的，转矩及负载惯量参考电机计算。从下述给出的直流伺服电机列表中选择一个足以克服外部转矩且转子惯量小于负载惯量的电机。机翼的角位移可能从 0 运动到 ±180°。机翼运动不要求很快，但也不能太慢。据此推理，应该对所选电机的最大转速有所了解。

通常购买直流伺服电机时，匹配电机的功率单元会由厂家提供。使用无刷电机可以将可靠性最大化。无刷电机通常比有刷电机更贵，且其功率模块更加复杂。无刷电机所能提供的最大转矩可能也比不上有刷电机。鼓励读者从厂家获取此类电机的工程数值。下表所示为有刷伺服电机数据。电压常数及转矩常数都是 0.83。对于控制来说，这些常数并不重要，但是它们决定了施加在电机上使其运行在额定转速下所需的直流电压。大多数电机转速超过 1 000 r/min。

额定功率/kW	转子惯量/（kg·m²）	额定转速/（r/min）	最大转矩限值/（N·m）	电阻值/Ω	电感值/H
1	0.009 3	1 260	113	0.58	0.002 3
3	0.021	2 500	113	0.12	0.000 5
5	0.044	1 200	230	0.16	0.000 72
10	0.24	2 500	800	0.025	0.000 21

确定了所使用电机的尺寸后，选择一个对应的功率单元，可以是晶闸管控制的类型。本例中可以使用的类型有三种，依据性能排序依次为单相半波整流，可以生成 50 Hz 的直流输出电压；两相半波整流，可以生成 100 Hz 的直流输出电压；三相半波整流，可以生成 150 Hz 的直流输出电压。通常使用半波整流，以便可以双向驱动电机，即正相整流驱动电机正向转动，反相整流驱动电机反向转动。脉宽调制的输出直流脉冲频率可以超过 2 kHz。随着功率单元的性能提高，成本自然也在增加。晶闸管控制的功率模块增益可调，为了研究稳定性，必须在数学模型中考虑增益最大的情况，为了研究位置精度，必须在数学模型中考虑增益最小的情况。

大多数直流伺服电机厂家会在电机的末端附加一个小电机用于提供速度反馈。在大多数的位置控制器中，必须使用速度反馈以增加系统的阻尼。针对 PWM 功率单元，假定其增益是常数。

现在已经选择好了电机及功率单元，设计控制器以控制机翼的位置。对此应该写出系统各部分的数学模型并假定使用比例积分控制器实现零稳态误差。在模型中，应包含电感及丝杠的刚性。对于这种复杂系统，最好写出控制微分方程并直接转化成状态空间模型，不必再求出系统的传递函数。再次注意，输入变量为两个，指令位置及施加到机翼上的外部转矩。

调整比例积分控制器的增益以及速度反馈的增益，使得系统矩阵的主导特征值的阻尼比至少为 0.5。应该尝试通过在 s 平面上将特征值尽可能移动得远离原点以加快响应速度。观察稳态误差是否实际为零。使用数值积分的方法解状态方程，当外部转矩阶跃输入施加到丝杠上时，确定最大的动态位置误差。

选择一个更大的电机重复上述分析，观察更大的电机是否可以提供更好的性能。

C.2　步进伺服电机

1. 步进伺服电机的机械部分与直流伺服电机类似。本节中一些问题会突出步进伺服电机的特性。下图所示为步进电机在开环中驱动打印机针头的一个应用。

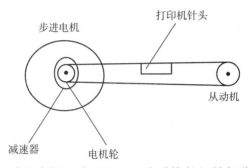

步进电机尤其适用于增量式的运动过程。上述系统的机械部分特性如下：

· 减速器的输入输出速度比：30；

· 电机轮的直径为从动轮直径的一半；

· 整体从动部分参考电机减速器端的转动惯量：0.01 kg·m^2；

· 参考电机减速器的粘性摩擦：0.1 N·m/rev；

· 电机轮的直径：5 cm。

因为转动惯量及粘性摩擦太大，选择步进角为 1.8° 的 1 kW 步进电机，其特性如下：

· 电机额定功率：1 kW；

· 转子惯量：0.009 kg·m^2；

· 额定转速：3 000 r/min（最大）；

· 最大转矩限值：20 N·m；

· 电阻：0.07 Ω；

· 电感：0.001 25 H。

确定使用上述电机所能够实现的线性位置精度。

实际应用中，一系列的脉冲被送入功率单元，每个脉冲代表电机转动一步。此外还需送入功率单元一个脉冲以确定电机的运动方向。功率单元由电子元器件构成，使用大功率的晶体管产生大电流的输出电压。电子元器件确定电机的哪一相需要被激励，哪一相不需要被激励。

对于数学模型来说，可以假设要求的位置及输出的位置的单位都为弧度制。假定 2 A 的电流产生的输出转矩为 5 N・m。

确定应用单步电机的响应特性。原理上力矩为正弦形式，应该对这一非线性函数进行线性化处理，求出线性化模型的系数，解出运动方程。

假设系统的机械部分是刚性的且首先假定电感是可忽略不计的。确定推导数学模型所需要的变量，并确定没有给出的其他所需参数，赋值为工程值。推导关于输出转速与期望转速的开环传递函数。确定速度开环控制系统的阻尼比。对于位置控制来说，需要假定存在内部位置反馈使得位置可控。基于这一想法，设计增益为 K 的比例控制器，求出系统关于输出位置与期望位置的新的传递函数，确定增益的最大值使得阻尼比至少为 0.7。确定期望位置单位阶跃输入的响应时间。

为了加快响应速度，增大系统的阻尼，需要使用增益为 K_d 的速度反馈。重复上述分析，确定两个增益以实现系统阻尼足够大时的最快响应。

当电机电感考虑在内时，重复上述分析。这种情况下，会求出一个三阶的传递函数，表明闭环系统可能是不稳定的。选择比例增益及微分反馈增益使得特征方程主导根阻尼足够的情况下系统保持稳定。

2. 下图所示为选用步进电机通过减速器控制旋转设备位置的例子。选用的步进电机功率为 2 kW，步进角为 1.8°，减速器的输入输出速度比为 20。旋转设备的转动惯量为 4 kg・m²，参考电机轴的粘性摩擦为 0.001 N・m/rev。计算出参考电机轴的转动惯量。计算该电机驱动下，旋转设备可能实现的位置精度。

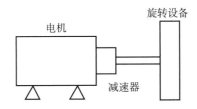

电机特性如下：
・额定功率：2 kW；
・转子惯量：0.009 kg・m²；
・额定转速：3 000 r/min（最大）；
・最大转矩限值：40 N・m；
・电阻：0.11 Ω；
・电感：0.001 5 H。

写出转矩方程，假设电机各相流过 5 A 的电流时产生的最大转矩为 10 N・m，进而计算转矩方程的系数。在增益最大的点附近对非线性的转矩方程进行线性化处理。首先近似计算时忽略电感，确定系统的运动方程。确定输出位置第一次达到终值 100% 的时间，从而确定旋转设备可被驱动的最大速度。电机特性中给出的最大转速为空载情况下的值。

对于较大的位移需求，最好用不同的形式对系统建模。可以假设输出转矩正比于电流且比例常数可以从上述特性中获得。电压方程只包含电机的电阻和电感，在电压方程中没有速度反馈。针对较大的位移，最好使用位置反馈防止电机丢步。为了增加阻尼，也必须使用速度反馈。下示方框图给出了系统原理框图。控制器可以是模拟的形式，也可以是数字的形式。如果是模拟形式，则需要一个模数转换器将控制器的输出电压转化成一系列适用于驱动步进电机的脉冲。此外还需要使用一个脉冲控制电机的正反转。下图所示为一个比例积分模拟控制器，其输出会被转化成数字形式，以驱动电机的功率单元。对系统进行数学建模时，需要将所有的部分假设成模拟形式。因此，将模数转换器及功率单元的增益假设为单位增益，系统的整体增益都在控制器中。此外，为了进行合适的控制，必须使用位置及速度反馈。

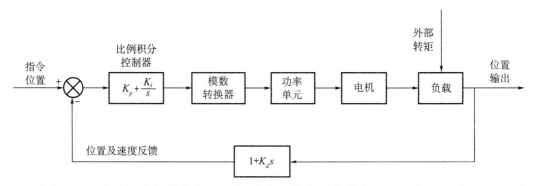

针对每一部分推导控制微分方程，假设需要考虑系统中的电感，但是系统是刚性的，传动机构的柔性可以忽略不计。同时假设模数转换器及功率单元中的时间延迟相比于系统的响应时间可以忽略不计。求出系统的传递函数，注意到有两个输入变量，一个是指令位置，另一个是施加到电机上的外部转矩。使用根轨迹的方法求出最佳的比例、积分及速度反馈的增益。确保特征方程主导根中的阻尼比至少为 0.7。同时在对电机施加外部转矩时，确定动态位置衰减。对此，最好将传递函数转化成状态方程的形式并使用数值积分的方法求解。应注意到，首先，数学模型只针对平衡点附近小的变化是有效的，且其只能得到一个近似的系统动态特性。这主要给出了系统预期的性能，实际情况可能会与数学模型之间存在一定的不同。

C.3　交流伺服电机

1. 针对恒速应用且不需要大的启动转矩，电动交流伺服电机是首选。这是由于其一流的可靠性。工业应用通常使用三相电机，生活应用通常使用单相电机。单相电机必须有两个独立的绕组，一个绕组用于启动电机，另一个绕组用于驱动电机。电机启动后，启动绕组需要断开连接，因为启动绕组很小，不能持续接通电源。这使得单相电机贵一些，可靠性也差一些，因为电机开始运行之后必须使用机械装置断开启动绕组。本书中只研究三相电机。考虑一个恒速应用，0.5 kW 的绕组功率必须使用散热系统。散热系统中电扇的转动惯量为 0.02 kg·m²，所选电机的特性如下：

- 额定功率：1 kW；
- 转子惯量：0.003 4 kg·m²；
- 额定转速：1 410 r/min；
- 最大转矩：16 N·m。

根据书中的数据推断出电机的电感及电阻。假设电机启动后就可获得额定转矩，计算电机达到要求转速所需的时间，这一时间不能过长，因为电机低速时效率很低，如果电机没有快速达到要求的转速，则会产生大量的热。假设电机启动时只能获得最大转矩的70％，重复以上分析。针对实际应用，应该从厂家获得所有需要的参数。

2. 对于变速应用，推荐使用交流伺服电机。电机通过减速器连接到负载上，减速器的输入输出速度比为30。负载惯量为 2 kg·m²。计算负载相对电机的转动惯量。电机特性如下：

- 额定功率：3 kW；
- 转子惯量：0.011 5 kg·m²；
- 额定转速：1 420 r/min；
- 最大转矩：40 N·m；
- 电阻：22 Ω；
- 电感：0.05 H。

应注意到电机的电阻与电感都是高度非线性的，会随着速度改变。上述数值只是预测，针对实际应用，应从厂家获得这些数值。类比于直流伺服电机写出电压方程。假设电机的每一相接通 220 V 电压时输出额定转速，确定电机的电压常数。注意到在实际情况中，想要改变转速，需要同时改变电压及频率。针对数学建模，可以充分假设电压变化与频率变化已被隐含地证明了。同样假设转矩正比于流过电机的电流。为了实现零稳态误差，建议使用比例积分控制器。方框图给出了系统的工作原理。为了增加系统的阻尼，必须增添速度反馈。电机达到稳态时所施加的外部转矩，其不能超过电机的最大转矩，且应注意到，低速时，电机的最大转矩会降低。因此，在高速时可以施加较大的转矩，在低速时，所施加的转矩必须减小。

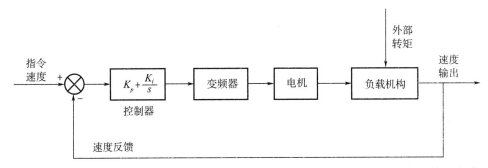

推导系统的数学模型，并求出两个传递函数，一个传递函数关于输出转速与期望转速，另一个传递函数关于输出转速与外部转矩。使用根轨迹的方法得出控制器的最佳增益，使得特征方程的主导根的阻尼比至少为 0.7。将传递函数转化成状态空间形式，使用数值积分方法确定施加的外部转矩单位阶跃输入时的最大速度衰减。使用终值定理证实，由期望转速及外部转矩阶跃输入引起的稳态误差实际为零。注意到应该引入所需的变量来求解数学模型。没有定义的参数的数值可以对其进行工程赋值。例如其中粘性摩擦没有定义，应为其选择一个工程值。

在一些应用中，变频器中可能会存在时延，这一时延可以从厂家获得。重复上述分析并讨论两种数学模型之间的不同，假设典型的变频器传递函数如下，对其进行分析

$$\frac{1}{0.5s+1}$$

增益设为单位增益，因为系统的整体增益包含在了控制器中。

3. 考虑用于位置控制的交流伺服电机。系统的机械部分与直流伺服电机相同，不同之处就是使用交流伺服电机控制机械系统。对于位置控制应用来说，常使用速度反馈以增加系统的阻尼。系统的基本结构如以下方框图所示。

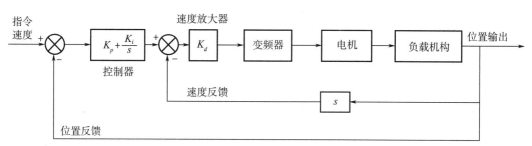

使用比例积分控制器对系统进行控制。负载的转动惯量为 $1.5\ \mathrm{kg \cdot m^2}$，不使用减速器直接连接到电机上。负载的角度位置由位置传感器进行测量，可以是模拟设备也可以是数字设备。如果是数字形式的，则控制器也必须是数字形式的。对于数学建模，可以假设所有的信号为模拟量形式。假设变频器不存在时延，可以拟作为增益形式，且假设增益为1，因为整体增益被整合进了控制器。负载的角速度使用连接到电机上的小型直流电机测量，得到一个正比于速度的信号，使用独立的增益控制器控制速度反馈。拉普拉斯算子 s 用于表明其为速度反馈。可类似于直流伺服电机进行建模，假设 220V 电压下产生的转速为 1 500 r/min，求出其电压常数。由于负载惯量较大，选择一个 5 kW 的大电机，其特性如下：

- 额定功率：5 kW；
- 转子惯量：$0.03\ \mathrm{kg \cdot m^2}$；
- 额定转速：1 440 r/min；
- 最大转矩限值：80 N·m。

当然电机会在零速区域运行，因此必须在这一区域内选择电容、电阻。该区域内电机电阻为 2 Ω，电感为 0.02 H。假设 20 A 的电流可以产生 80 N·m 的转矩，求电机的转矩常数。假设最大转速下粘性摩擦产生 2 N·m 的转矩，且忽略静摩擦，求出电机的粘性摩擦。

确定所需的变量并推导系统的两个传递函数，一个传递函数关于输出位置与期望位

置，另一个传递函数关于输出位置与施加的外部转矩。使用根轨迹方法求出未知增益的最适合的值。所有其他的参数已经定义过了，如有未定义的参数，为其选择合适的工程值进行赋值。使用终值定理验证实际的两个稳态误差是否为零。

将传递函数转化成状态空间的形式，计算对负载施加单位外部转矩时的最大动态位置衰减。应使用数值积分法求解动态位置衰减。对这一位置衰减进行讨论，并分析其对于实际应用来说是否是可接受的。如在直流伺服电机中所举例子所示，如果这一动态速度衰减不能接受，则必须使用直流伺服电机。

C.4　电动液压伺服电机

1. 考虑一个手动换向阀控制的液压缸。假设换向阀的位移为 x，液压缸的排量为 y，压力源压强为 300 bar。最大压强下换向阀位移为 1 cm 时的流速为 30 L/min。写出非线性流体方程，求出流体方程的常数，对其在位移为 1 cm、压强衰减为 150 bar 的工作点附近进行线性化。假设液压缸中可移动部分的质量可以忽略不计。

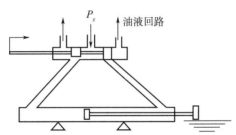

假设气缸的直径为 20 cm，确定还没有定义的参数并对其进行工程赋值。计算换向阀开度为最大 2 cm 时液压缸活塞的最大稳态速度，同时计算活塞能产生的最大的力。

2. 考虑使用液压缸控制物块的位置，示例如下图所示。换向阀用于控制流向液压缸的油液，使用机械连接提供反馈，使得物块到达期望的位置时关闭换向阀。液压缸的长度为 2 m，直径为 20 cm。压力源压强为 300 bar，换向阀开度为 2 cm。注意到高压时会排出大量的油液。假设压差为 150 bar，换向阀的开度为 1 cm，流速为 30 L/min。写出非线性流体方程，求出阀门系数，然后对非线性流体方程线性化，求出线性化方程的常系数。注意到，虽然线性化方程只针对小的变化有效，但是也可以用于大的变化，只不过结果中可能存在较小的误差。提供反馈的机械连接长 1 m，期望位置设置在连接的中点。应注意到，给定期望位置 y_i 时，其位置就是固定的。因为活塞两端是关闭的，液压缸不能移动，

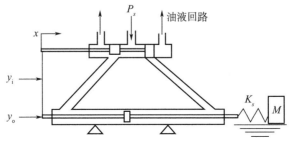

所以换向阀的位置 x 会移动。这使得高压油液被导向液压缸的一侧。液压缸开始运动，换向阀逐渐运动到关闭位置。

假设由于系统中的油液体积较大且压强较高，油液的可压缩性不能被忽略，设油液可压缩性的体积弹性模数为 1.38×10^9 N/m²。运动机构的柔性约为 10 000 N/m 且运动部分的总质量为 250 kg。注意到系统中没有机械阻尼，液压缸中油液的泄漏会增加少许系统阻尼，有时会特意在活塞上开孔以增加系统的阻尼。将液压缸中的泄漏视作变量，使其可以调整，以确保系统是稳定的。同时设期望的输入位置 y_i 为变量，用于控制系统的增益。

注意到，系统存在两个输入变量，一个是期望的位置，另一个是施加到物块上的力（没有在图中给出）。推导系统的传递函数并调整增益参数及泄漏系数使得特征方程主导根的阻尼比至少为 0.5。然后计算施加到物块上的力阶跃输入时系统的稳态误差。如果实现要求的阻尼较为困难，可以考虑在物块上增加一个机械阻尼器。再次求解方程并讨论两个系统之间的不同。如果存在没有定义的参数，则选择工程值对其赋值。上述数据可能不能代表实际的应用，应该从厂商处获取最新的参数。

3. 这一题是关于电动液压伺服电机用于位置控制应用中。通常电动液压伺服阀用来驱动电机。下图所示为一个简单的应用，电动液压伺服电机直接连接到一个旋转设备上，目的是控制惯性负载的角位置。此处只考虑简单的情况，因此对于复杂的负载机构，其数学模型与电动直流伺服电机中相同。

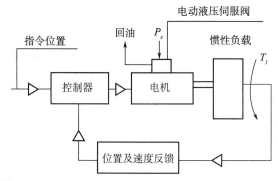

液压电机特性如下：

公称排量＝4.55 cm³/rev		
流量＝4.55 L/min		
最大转速（满负载时）	峰值	6 000 r/min
	持续值	4 000 r/min
最大压强	峰值	350 bar
	持续值	280 bar
输出转矩（280 bar，3 000 r/min）		17.5 N·m

假设油液可压缩性的体积弹性模数为 1.38×10^9 N/m²，且由于高压时存在的偏差，这一系数必须在数学模型中考虑。为了尽可能减小压力下油液的体积，电动液压伺服阀通常连接到电机上，因此，可以假设压力下油液的总量与电机的公称排量相同。电动液压伺

服阀的传递函数可以写作

$$\frac{x}{v} = \frac{1}{0.5s+1}$$

增益为单位增益，是由于系统的整体增益都被折算到控制器中。假设压差为 150 bar，阀门开度为 1 cm，流速为 3 L/min。写出伺服阀的流体方程，求出其常数。对流体方程进行线性化并求出其线性化模型系数。假设液压电机转子惯量相比于负载惯量可以忽略不计。负载惯量为 0.01 kg·m^2。涉及高压差时，总是存在泄漏。假设压差为 250 bar 时，油液以最大流速的 2% 从电机侧流出，求出泄漏系数。

首先假设没有使用速度反馈且只使用了比例控制器。求出系统的两个传递函数，一个关于输出位置与期望位置，另一个关于输出位置与外部转矩输入。对没有定义的参数进行工程赋值，使用根轨迹方法求出最合适的控制器增益值，使得响应速度最快时，系统具有足够的阻尼且稳态误差最小。

为了改善性能，在控制中除了比例控制外还增加积分环节，同时也会使用速度反馈增加系统的阻尼。此例中有三个增益需要调整，再次使用根轨迹方法求出控制器的三个最佳增益值，以及速度反馈的增益。注意到，目的是减少系统的动态响应时间，以减小稳态误差，同时系统必须具有足够的阻尼，以便得到一个可接受的动态响应特性。

将传递函数转化成状态方程形式，使用数值积分法求出突然施加外部转矩 5 N·m 时的动态位置衰减。讨论这一误差能否接受，如何减小这一误差。

C.5　基于电流变液的作动器

1. 考虑一个简单的例子，设备的力矩需要连接或断开，类似一个抓取机器。对于这种应用，假设需要设计一个圆柱形的装置，直径为 60 mm，长度为 L。内圆柱与外圆柱之间的缝隙为 0.5 mm，且在缝隙间施加 2 kV 的电压。在这一电压下，电流变液产生最大约为 2 kN/m^2 的剪切应力。当需要传输转矩时，启动圆柱之间的电压，当不需要连接转矩时，断开圆柱间的电压。电流变液的粘性比油高一些，可以假设在 $5×10^{-5}$ m^2/s 的范围内。下图所示为该设备的原理图。

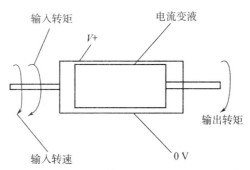

确定传输转矩的机构所需要的长度，使得开启电压时可以传输 4 N·m 的转矩。这一转矩必须大于电流变液粘性传递的转矩。假设外圆柱的转速为 1 500 r/min。

注意，本题及后面的问题中给出的数据为电流变液的典型值，针对实际应用时，应该从厂商处得到精确的数值。应注意到，电流变液是研究的主题，应确保其是可靠的、耐用的。同时，研究者试图研制剪切应力较大的电流变液。如果对这些感兴趣，应该从该领域的研究者处追踪最新的数据。

2. 电流变液可像阀门一样用于流速控制。针对这一应用，考虑如下图所示的同轴圆柱。圆柱的长为 60 mm，直径为 60 mm，两个圆柱之间的间隙为 0.5 mm。2 kV 的电压施加到圆柱的间隙时，电流变液产生的剪切应力为 2 kN/m²。针对上述的外形尺寸，确定阀门阻止电流变液流经阀门时的最大压差。使用上述尺寸是因为作者已经在实际的实验中研究过此类的阀门了。假设输入压强如之前所定义的，计算阀门电压断开时通过阀门的流速。假设电流变液的粘性为 5×10^{-5} m²/s。

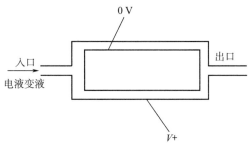

阀门长度增加到 120 mm 时，重复上述计算。

3. 电流变液可能的应用之一是用于设计可变阻尼器。下图所示为系统原理图，构建两个同轴圆柱，间隙为 0.5 mm，间隙中填满了电流变液。大约 2 kV 的电压施加到间隙时，电流变液产生的最大剪切应力为 2 kN/m²。断开电压时，固化的电流变液会变得像通常的液体一样，粘性约为 5×10^{-5} m²/s。假设内部的活塞直径为 40 mm，长度为 60 mm。

确定两种情况下阻尼器的阻尼系数，一是加电压时，另一是断开电压时。如果存在困难，可以参考流体力学手册。

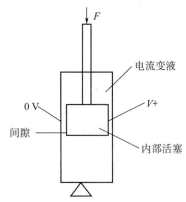

4. 下图所示为另一种设计径向形式的基于电流变液的联轴器的方法。假设内圆盘与外圆柱的间隙为 0.5 mm。圆盘的半径为 60 mm。假设将 2 kV 电压施加到间隙上，电流变液产生的最大剪切应力为 2 kN/m²。类似于之前的问题，不加电压时，电流变液的粘性

为 $5×10^{-5}$ m^2/s。施加电压为零时，确定通过联轴器传输的最大转矩。然后计算施加可能高达 2 kV 电压时传输的最大转矩。注意到在这一设计中，因为设计为两个表面，所以传输的转矩为单面的两倍。

注意到本节大多数问题中使用的板间隙为 0.5 mm，因为作者已经在实际的实验中针对这一板间隙大小展开过研究。当板间隙为 1 mm，施加电压为 1 kV 时，重复上述问题，可以得到相同的最大剪切应力。

假设输入轴的转速为 1 500 r/min。

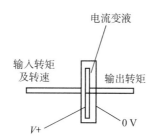

C.6　针对实际应用选择伺服电机

本节中给出了几个针对不同应用选择伺服电机的例子，其中有一些有特定的性能要求。为解决这些问题，可以参考本书的第 9 章。

应使用第 9 章中以图表形式给出的数据。

1. 假设要求驱动相对于电机轴为 0.2 kg·m^2 的一个惯性负载，使其在 1 s 内转速上升到 500 r/min。注意到时间响应由电机产生最大转矩的饱和时间响应及动态时间响应构成。这些数据与最大转速为 1 500 r/min 的伺服电机是分开的。假设转速为 500 r/min 时，对电机施加 2 N·m 的转矩。

确定何种伺服电机能够满足上述特定要求。同样假设传动机构是刚性的。尽管没有在要求中特别指明，但也需确定施加外部转矩阶跃输入时，电机的最大动态速度衰减。讨论选择过程的各个方面，如可靠性、成本、重量等。

2. 针对一特定应用，要求驱动相对于电机轴为 0.5 kg·m^2 的惯性负载，使其在 2 s 内达到 1 500 r/min 的转速。最大转矩 50 N·m 时，速度衰减不超过 50 r/min。确定何种伺服电机能够满足要求。可能有很多种伺服电机都可以满足要求，此时应该考虑其他标准，如可靠性、成本、重量、可用性等。也有可能没有伺服电机能够满足要求，这种情况下，需要将特定的要求稍微放宽，需要在要求的性能与伺服电机的可用性之间进行平衡。

如果只是电机的动态性能存在问题，也可以使用加速度反馈或使用状态反馈控制策略来改进控制器。

作者自传

Riazollah Firoozian 博士出生于伊朗，小学就读于德黑兰。当时的学制为小学六年，中学六年，且每六年读完都要进行期末考试。读完小学，因为他在期末考试中拿到了非常高的分数，被伊朗最好的中学 Albors 录取。他成功地以平均分 95 分的期末成绩完成了中学的学习。

进入伊朗的大学需要单独考试且竞争十分激烈。作者成功地进入了 Amir Kabir 大学的机械工程学院，并在最短的三年半的时间内完成了四年的学习，在班级八十名同学中排名第一，于 1978 年拿到了学士学位。

之后，他被英国伯明翰市的阿斯顿大学录取，攻读硕士学位。他仅用一年时间就完成了学习，并在期末考试与六个月的课题研究中都取得了第一名的成绩。取得硕士学位后，他拿到了博士奖学金，留在阿斯顿大学继续开展伺服电机方向的研究。经过三年的研究与教学工作，他成功拿到博士学位。然后他在英国利物浦大学得到了一份教学研究的工作。关于转子轴承系统的振动控制这一研究成果被学术委员会评为 A 级。

之后，作者进入英国谢菲尔德大学进行教学研究工作，负责柔性传动机构伺服电机的控制、状态变量反馈控制理论、电流变液三个课题组的研究工作。同时他也参与本科生静力学、动力学、控制方面的课程教授，以及为研究生学习伺服电机与状态变量反馈控制理论编写了教学大纲。

作者编写本书是为了本科生与研究生都能从他的经验中有所收获。